鉄の文化史

田中 天

海鳥社

はじめに

しばしも休まず　つち打つひびき
とび散る火花よ　はしる湯玉
ふいごの風さえ　息をもつかず
仕事にせい出す　村の鍛冶屋

（作詞・作曲不祥）

小学校唱歌として子供たちに愛唱されてきた「村の鍛冶屋」である。この歌は残念ながら昭和五十五（一九八〇）年に教科書から消えている。その理由を詳しく知る由もないが、思えば、鍛冶屋はいつも我々の身近にいた。その鍛冶屋はふいごで空気を送り、ハンマーをリズミカルに打ち下ろし、真っ赤な火花をまき散らしながら、面白いように造形していった。

このような光景は日本全国どこでも見られたが、この歌とともにそのような風景は消えてしまい、子供たちはこの歌を聞いても、もう情景は目に浮かばないのである。

さて、十八世紀中ごろ、ユーラシア大陸の西側に位置する島国イギリスに発祥した産業革命は近代の夜明けとなり、世界の様相は大きく変貌した。

大陸の東側に位置する我が国ではペリー来航を契機に開国を迎え、洋式近代製鉄法を導入し、「鉄は国家なり」の時代となり、今日に至っている。

今、私たちの周りに溢れる鉄造形物はより強く、より大きくなり、私たちの社会を逞しく支えてくれている。しかし、見方を変えると、あまりの巨大さゆえに鉄は個人の感覚を遙かに超えた存在となってしまい、鍛冶屋の減少と歩を同じにして、私たちは鉄への親近感を喪失していったように思われてならない。この有用な性質を持つ鉄への意識が現状のままとはいかにも寂しい。

名著『鉄のメルヘン』（アグネ）を著した中沢護人氏は、「鉄自体は冷たい物質であるが、これに血を通わせ体温を持たせてみたい。そして、また鉄をめぐる人間のドラマを語りたい」と記し、また、現役の旋盤工《せんばんこう》でもある作家の小関智弘氏の著書には、「鉄は匂う」、「鉄が泣く」、「鉄はセクシー」などの表現が出てくる。鉄への深い愛情を感じるが、私も同じような感覚を共有し、素晴らしい鉄を生み出した人々の壮大なドラマを郷土福岡の地に見たいと思っているのである。

豊かな山々と美しい海岸線に囲まれた風光明媚なこの地は、大陸、朝鮮に近い地理的特性ゆえ、古代より玄界の荒波を越えて人々の交流が盛んに行われてきた。博多の歴史はこの海に始まり、異国の地に生じた風は、この地を通って日本中に吹き込んできたのである。鉄という有用な性質を備えた金属を知った倭人は、砂鉄を原料とし、燃料を木炭で賄う独特な方法で精錬を行い、農具・工具を生み出し、稲作文化を発展させてきた。悠久の時間、我が国を支え続けた精錬法は、いつしか「たたら」と命名され、世界に冠たりといわれる日本刀や優美な茶釜などに代表される、我が国固有の素晴らしい鉄文化をこの国に築き上げたのである。

民俗学者の谷川健一氏は、日本民俗学が「藁《わら》の文化」すなわち稲作文化のみに固執し、金属器文化に注意を払わず、金属器の主題を疎かにしてきたと記している。

多々良川のほとりに立ち、博多・福岡に刻まれた金属の歴史を振り返ってみると、「藁の文化」以上に興味深いテーマであることに気づく。

本書は、鉄をキーワードにした、郷土福岡への私の歴史紀行であり、鉄の文化史へのささやかな試みである。

鉄の文化史◉目次

第2章　鉄を知る

第

1

章

鉄を探る

多々良川河口に立つ

多々良の地形

そこは宇美川《うみかわ》、久原川《くはらがわ》の流れが合《がっ》し、また、支流は縦横に走って、沼や芦原や、いたる所、砂丘《さきゅう》の雑草もふかく、わけて足場のわるい平野でおざる。（略）そして西はいちめん多々羅の浪打ちぎわ。（略）御勢《おんぜい》の利は、一刻もはやく、同所の北寄りに散在する高地、名島《なしま》、松ケ崎、陣ノ腰などを占めて、敵に先《さき》んずることにあるかと存じられる。

ひとくちに多々羅ケ浜といっても、南は筥崎《はこざき》ノ宮《みや》から北は香椎《かしい》手前《でまえ》の丘陵線までの渚《なぎさ》一里半、芦、泥田、砂原などの広い平野も含んでいる。

吉川英治氏は『私本太平紀』（講談社）で、室町幕府を創設した足利尊氏の天下取りのターニングポイントとなった菊池武敏《たけとし》との激戦地、多々良の地形をこう記している。この多々良の地は、金印出土の志賀島や神功皇后伝説が残る香椎など、歴史遺産が豊富な福岡市東区に属している。また、陸路・海路ともに重要な位置にあったことにより、度々戦乱の場となってきた。

ここでは多々良の地が現在とはずいぶん異なった地形のように表現されているが、昔は多々良潟とも呼ばれていたように、広い平野、潟、沼地の肥沃な土地であった。

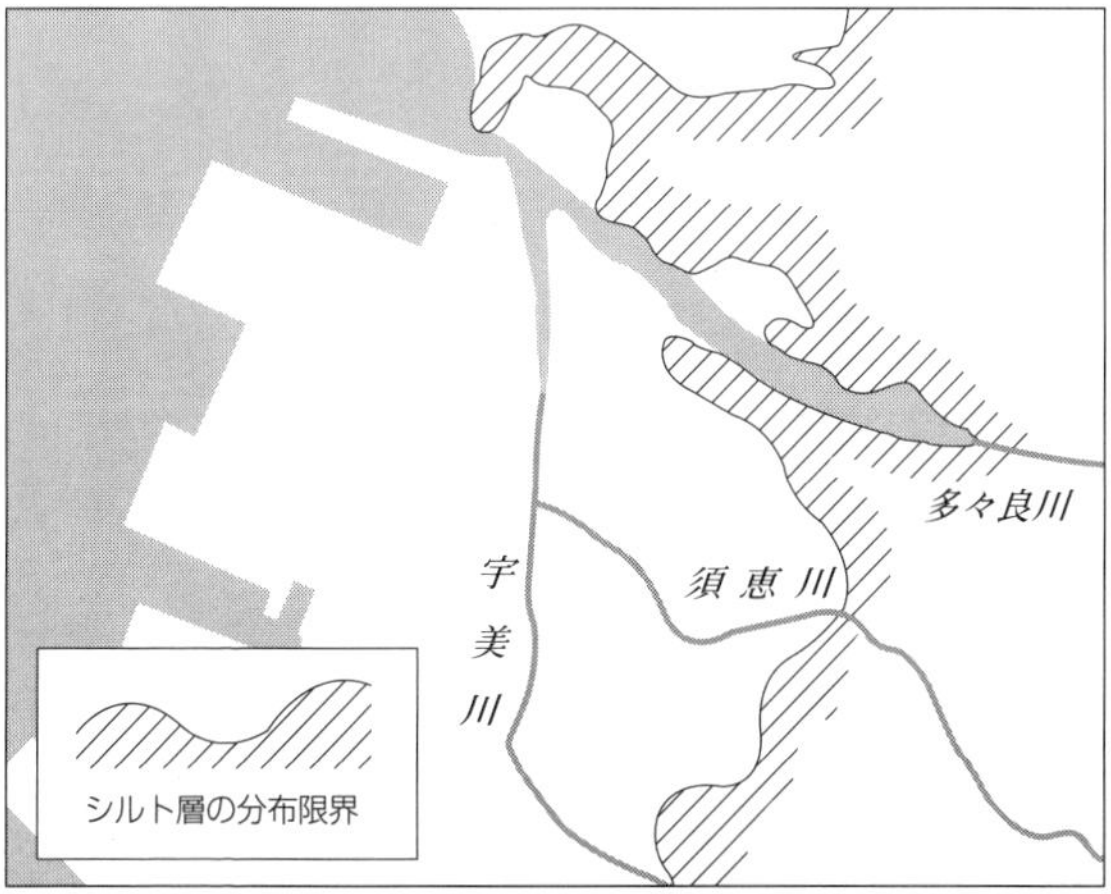

博多湾シルト層の分布（『粕屋町誌』掲載の図をもとに作成）

江戸期に農地開拓のため埋め立てられた記録が残り、今なお埋め立てが進行中で、工場、倉庫が林立するなど大きく様変わりし、残念ながら昔日の面影は消えてしまった。時代を遡り、この地が形成されたころの地形はどうだったろう。

日本列島は百万年の間に氷河期を四回経験、その氷河期の前後には海面が大きく上下している。二万年前のウルム氷河期には現在より一〇〇メートル以上も海面が低かったというが、旧象と呼ばれるナウマン象の化石が壱岐《いき》や福岡県内などで発見されていることからもわかるように、旧石器時代人は氷河期の海面の低い時期に、石や木を加工した道具を使って動物を追い、大陸から渡ってきたのであろう。

その後、気温の上昇に伴い、氷河が融解《ゆうかい》して海面が上がると、大陸と離れて四方海に囲まれた現在の島国日本の姿となった。

海面が上がると、それまで陸地だった所が浸食され、また、波で削られた土や貝殻などが波際に堆積し、海面が下がるとそのまま残り、海岸に近い部分は粘土やシルト（砂と粘土の中間）などの細かい層が形成され湿地となる。図のように多々良川河口周辺でもシルト層がかなり内陸まで存在しており、古代のこの地は大部分が海であったことがわかる。

縄文時代は多々良川上流地の久原《くばら》（久山町）近くまで海岸線が入り込んでいたようであるから、私の自宅（福岡市東区青葉）は古代は海の底に沈んでいただろうが、現在の標高一〇メートル付近を当時の海岸線と考え、自分の町を散策してみるのもまた楽しい。

弥生時代には海岸線が多々良小学校の近くまで退いたため、一帯は潟や沼地のような耕作に適した土地になり、稲作文化を迎えたのである。

この地の地名

郷土史家で、この地の教育長や公民館長を歴任された後藤周三氏（一九八三年没）の『多々良の歴史と文化遺産　後藤周三遺稿集』（葦書房）から当時の様子を窺ってみたい。

かのまぼろしの女王卑弥呼以前は此の付近は海であったと。現在の大橋部落の西寄りに津屋前と言う地名がある。津は港、屋は住屋の意である。此の辺以東は深く大きい入り江であった。付近には渡守の家も点在し栄えていた。人や荷物を積んでこれ等の人は粕屋町内橋方面へ運送していた。浅瀬に着くと荷物等は舟から馬の背に移された。そのため此辺は今も馬渡りと字名を呼び桟橋様の施設もあったので内橋を大字名とした。又その付近の湿地には鶴も群れていたので付近の丘には鶴見の呼名も残っている。（略）

その昔松崎津屋前の津守りたちの活躍した多々良の入江は深く上流の陸地の東へ喰いこみ、北は八田から香椎の別所方面にも延べて七浦の地名を生じ、また東は更に遠く久原方面にまで及んだ。この広大な入り江の中心が後世の江辻部落で、浦の密生する湿地帯が浦田の地名の起こりである。（略）

津屋部落は通路毎に石の水門を施して水難と闘いつづけた。その水門は今尚残存しありし日を物語っている。土井は水難をのがれる為には常に土俵で囲っていたので、土囲となり土井となり部落名となった。

また、水害と関連して水田の字名に古川とか河原とか川原とかの呼名が多い。則ち土井、八田、津屋、多田羅、松崎、箱崎にある上述の字名は凡そ一線上に有ることから多々良川の濁流がこれ等の耕作地を襲っていたことを語っている様である。

芦や雑草が茂る広大な湿地に、鶴が群れるのどかな光景が目に浮かぶものの、ときとして多々良川の濁流が人々を苦しめてきたことが窺える。また、次の文章も記されている。

多々良川の河口を横切る国鉄鹿児島本線の鉄橋から五〇〇メートル程の上流に多々良大橋の木橋がある。其の山陰の所に高麗淵、空路木とかの地名がある。又少し上流の多田羅部落の一個人の屋敷内に高原神社のほこらがある。高麗淵は三韓地方からの渡航舟が北西風を避けて停泊した所。空路木は桟橋の設けられた跡、高原神社は文化に関係ある多くの人々が来航して日本の諸工芸に著しく貢献した中の而も高麗出身者、且又その中の優秀者に対しては、桓武天皇以後はこれ等の人々に高原の姓を許されし由である。この先進者を祭ったのが、この高原神社で、これは「こうら神社」と読むべきだと伝えられている。

柳田国男の『地名の研究』（角川文庫）には、「地名とはそもそも二人以上の人の間に共通に使用せられる符号である」と記されている。とすれば、この地は海と陸が奥地まで入り込む風光明媚な景観を有し、そしてまた拠点港としての機能を果たして盛んに大陸、韓土との文化・技術交流がなされて繁栄した歴史を有するといえる。

鉄は古字で「銕」とも書くが、夷《えびす》は異民族を意味するように、鉄は海を越えて我が国に渡ってきた。多々良の地名は製鉄史に限らず日本の歴史形成上、極めて重要な地位を占め続けた共通の符号としてあり、私にはそこに鉄の存在が感じられるのである。

名島神社と金印

鉄筋コンクリート橋の名島橋（福岡市東区）

私の「鉄を求める旅」は多々良川の河口より始めたい。夕暮れどきには青銅製の照明灯が優美な姿を水面に映す名島《なじま》橋と名づけられた橋は、昭和八（一九三三）年三月に、全長二〇四・一メートル、全幅二四メートルの当時としては大規模な橋として誕生している。

リニューアルされたモダンな姿からは、博多の東玄関として一日数万台もの交通量を支える力強さを意識することは少ないが、実はこの橋は、当時の日本ではまだ珍しかったRCアーチ（鉄筋コンクリート）橋で、御影《みかげ》石が張られた橋の下部には鉄が使われているのである。

コンクリートや石はいかにも強固な材料に見えるものの、引張力に弱いという弱点があり、橋の構造上、引張力が働く下側に鉄筋が使われバランスを保っている。すぐ隣には剥き出しの鉄橋が架かるが、このように身近な場所で、鉄はさりげなく私たちの社会を支えてくれている。ちなみに、日本最初の鉄橋は明治元（一八六八）年に輸入された錬鉄《れんてつ》からつくられた長崎の「くろがね橋」で、国産の鉄が用いられたのはその十年後である。当時の日本の鉄づくりはまだまだ未熟であった。名島橋に立つ観光案内板には、この名島界隈がなかなか興味深い歴史に溢れている地であることが紹介されている。

陽光を受け波間きらめく海面には、昭和六年九月、大西洋横断飛行を成功させ「リンデー」の愛称を持つリンドバーグ夫婦が立ち寄り、大騒ぎになったことで知られる名島水上飛行場があり、陸には東洋一の規模を誇り、「名島のお化け煙突」と親しまれた名島火力発電所の高い煙突が聳え立つなど、福岡の近代化に貢献した地である。河口左岸より馬出《まいだし》付近まで広がっていた「千代の松原」は今は消滅してしまったものの、その河口右岸の鬱蒼と繁茂した丘陵地に名島神社が所在する。

名島城跡に鎮座する名島神社（福岡市東区）

ここは古くは立花城の出城で、豊臣秀吉の九州平定の後、中国地方の雄毛利氏の一族、智将小早川隆景《たかかげ》が増強した名島城が所在していた地である。黒田長政《ながまさ》が福岡城へ居城を移すまでの十三年間という短命であったが、文禄の役の折り、豊臣秀吉、淀《よど》君が宿泊するなど重要な城であった。隆景は海城を築くのを得意とした武将で、いかにも立派な城であったと思われるが、残念ながら今は名島城跡の石碑がわずかに残るのみである。

潮香を含んだ風が境内の枝を揺らす中、辺りを一望すると、海城には相応しいものの意外に広がりに欠けた地形で、この立地条件なら後の福岡城への移城もやむを得なかったと妙に納得させられる。境内右手の「奴の国」の案内板文章を記してみよう。

三笠宮崇仁親王編御書（昭和三十四年二月五日）
日本のあけぼのより

邪馬臺国の起源は魏志といえどもあきらかにしてはいない。ただ漢書地理志以来、倭は楽浪の外海にある島国で、そこには百余の小国が郡在しその中には中国に交通するものがいくつかあったことを伝えている。後漢の時には、それが三十国にのぼったという。その一々の名はわからないが、奴の国だけは光武帝中元二年（西暦五七年）に使を派し金印を賜ったことが知られる。この奴の国は今の博多付近とされているが、私は博多湾の岸で今の名島辺にその中心があったと見る。名島のナはナノクニのナが残ったものと推定するのである。

拝写

註　倭《ワ》の奴《ナ》ノ国王を安曇ノ君、海神といひ、その宮殿を龍ノ都（龍宮）記・紀では王を豊玉彦尊《トヨタマヒコノミコト》、その御子、姉（兄姫《エヒメ》）を豊玉姫命《トヨタマヒメノミコト》・妹（弟姫《オトヒメ》・乙姫《オトヒメ》）を玉依姫命《タマヨリヒメノミコト》とい

金印石碑（金印公園）

ひ第一代神武《ジンム》天皇《テンノウ》の御母といわれている。

私たちの祖先が初めて文書に登場するのは、『前漢書』（班固《はんこ》）で、「夫《そ》れ楽浪《らくろう》海中、倭人《わじん》あり、分れて百余国と為《な》る。歳時《さいじ》を以て来りて献見《けんけん》す、と云ふ」と記されているように、中国人が我々を倭人と呼び、たくさんの国々の存在を明らかにしている。次いで『後漢書』（范曄《はんよう》）には、「建武中元二（五七）年倭奴国、貢を奉じて朝賀す。使人《しじん》自ら大夫《たいふ》と称す。倭国の極南界なり。光武《こうぶ》、賜ふに印綬《いんじゅ》以てす」とある。

福岡市博物館に展示されている国宝の「漢委奴国王」金印がこの印綬のことで、よく知られるように、天明四（一七八四）年二月、百姓甚兵衛《じんべえ》の小作人の秀治と喜平の両名によって志賀島叶《かな》の崎《さき》で発見された。土中に埋もれた小さな印を彼らが届け出たのは、この金属の放つ魅力がただならぬものと貧しい農民にも伝わったのであろう。それにしても、博学の亀井南冥《なんめい》のもとまで届き、今日まで残ったのは誠に幸運であった。

発見地の志賀島の金印公園を訪ねると、歴史上希に見る大発見の場としては少々寂しい趣であるが、金印の印章を刻んだ石碑が置かれ、陽光を受けて輝いている。草木に覆われた静寂に佇み、この地で眠り続けた金印に思いを馳せると、改めて金という金属の特性に感嘆せずにはおれない。

魅了する金

この金属が発する黄金の神秘的な輝きは、今も昔も洋の東西を問わず、人々の心を魅了してやまないが、他の金属と違い変質・摩耗しにくく、長くその魅力を失うことはない。この特性ゆえに金印の発見に繋がったのである。戯れに印綬が鉄でできていたらと想像してみると、錆びて朽ち果て土中に帰る鉄では、このような大きな発見は望むべくもなく、壮大な古代ロマンを今に残すことはなかったに違いない。

金の鉱脈が見つかったとの報告が対馬《つしま》から寄せられたときの朝廷の喜びはいかほどであったろう。我が国初の元号「大化《たいか》」、次の「白雉《はくち》」以来、長く途切れていた元号（途中、短期間ではあるが「朱鳥」が建てられた）は、ここに復活し、「大宝《たいほう》」と名づけられ（七〇一年）、さっそく関係者には土地を与えたり、位を上げるなどの様々な恩賞を与えた。同年には「国内に銅鉄を出せる処ありて、官未だ探らざるは百姓私に探るを聴《ゆる》せ」と我が国初の鉱業法規（大宝令）を施行し、これを機会に農民が金、銅、鉄などを探すのを許して鉱脈発見を奨励している。もっとも、「国内に供するに堪《た》ゆるを知らば、皆太政官に申して奏聞《そうもん》せよ」と発見場所を報告せよとあるのは、結局、国家の重要な資源として個人所有を認めず、国が独占するつもりであったに違いない。

朝廷には、「国の宝」となる金発見であったが、この大発見は全くの嘘であったことがわかり、関係者は処罰されている。『続日本記』には大和国《やまと》忍海郡《おしみ》の三田首五瀬《みたのおびといつせ》が騙した人物で、騙された人物は大納言大伴御行《おおともみゆき》とある。この忍海郡は渡来系集団の人々が多く住む地域で、また、三田首は金銅《こんどう》仏の製作者としてその名がよく見られるように優れた技術者であったに違いないが、それにしても大納言ともあろう者が簡単に騙されたものである。

もっとも、『日本書紀』天武天皇三（六七四）年三月条に対馬で初めて銀が発見され、朝廷に献上された記載があり、金と銀が鉱床《こうしょう》を同じにするのは珍しくないため、信憑性は充分にあったと思われる。本当の金発見は、陸奥国守の百済王敬福《きようふく》が報告と同時に黄金九百両を献じたことによるが、朝廷は前回でよほど懲りたと見え、同じ間違いを繰り返さないよう慎重に調査を行った上、元号「天平感宝」を建て（七四九年）、同年「天平勝宝」と改められた。

大仏と金

この発見はまさに絶好のタイミングとなった。聖武天皇が東大寺の盧舎那仏《るしゃなぶつ》を造立したとき、万物を永遠に照らし光明によって人々を救う盧舎那仏はより大きく、燦然と光り輝かなければならなかった。そのために青銅仏に金鍍金《めっき》を施す必要が生じたが、遣唐使の派遣を計画するほど金に困窮していた。そんなとき、「この地には無き物」と思われていた金鉱脈が発見されたのである。その後、陸奥国は相当に優遇されたであろうが、金の価値を示すいかにも象徴的な事件である。

大仏の鍍金は六世紀に我が国に入ったといわれるアマルガム法で行われている。砥石で磨かれた滑らかな仏体に、黄金と水銀を一対五の割合で溶かしたペースト状のアマルガムを塗り、炭火で加熱すると、水銀だけが蒸発して黄金は密着する。この作業を数回繰り返し、大仏を金で包んだ。像高一四・七メートルほどの大きな仏体の鋳造は二年間で完了しているのに、塗金作業に五年もの歳月を費やしたことは、水銀を蒸発させる作業がいかに困難であったかを示している。

私たちにも水銀公害の悲しい記憶が残るが、鍍金作業の水銀蒸発で多数の病人や死者を輩出するなど不吉な兆候を呈し、その後も大仏の頭部が地に落ちたり、二度の兵火で焼亡するなど度々不吉な事件が起きている。平穏な世を願い「天平」と年号が改められたほど、国民が疲弊し、経済的にも逼迫した困難な時代に、当時の人口の約半数に当たる延べ二六〇万人もの人々を動員した日本史上未曾有の大事業。このような不吉な現象を庶民はどのような思いで見守ったであろう。

「今は昔、竹取りの翁といふ者ありけり」。竹林で黄金に輝く竹から誕生したかぐや姫。麗しく成長したかぐや姫に五人の求婚者が現れるが、この五人の貴公子は物語が書かれる二百年前に実在した貴族たちで、その中に最初の金発見のときに騙された大納言大伴御行が登場している。紫式部が「物語の出きはじめ」とした『竹取物語』に金を巡る詐欺事件が登場したのは、黄金の輝きに惑わされた滑稽な権力者たちが、後世まで庶民の関心を呼んでいたことを示しているようである。なぜか、かぐや姫は中秋の名月の夜、天人たちに迎えられ、月の世界へと帰る結末になっている。

金印の謎

金印に話を戻したい。現在、福岡市博物館に展示されている高さ二二・三六ミリ、印面の一辺が二三・四七ミリ、重量一〇八・七二九グラムの小さな国宝は、発見より二百年もの歳月が経つというのに、今なお私たちを限りない古代ロマンへの旅に導いてくれる。

明治二十五（一八九二）年、三宅米吉が提唱した「カンのワのナのコクオウ」説が定着しており、私たちはこのように読むように学校で習っている。しかし、刻まれた文字はたった五文字ゆえに、この解釈には異説も多く、今日まで長く論争が続いているのである。明治初期までは「委奴」を「イト」と読み、糸島の前原《まえばる》市付近にあった伊都国《いとのくに》を指すとの説が主流で、近年には騎馬民族の北方遊牧民の「匈奴《きょうど》」と対照して「倭奴」も同様の読みで、「ワド国」を意味しているとの説も生まれている。何より、貴重な金印がなぜ古墳でも石窟でもない、周囲一三キロの小さな島の田の中で発見されたのであろう。黄金の輝き同様、金印の謎が失われることはない。

「ナノクニ」は、一般には福岡平野の南側に位置する現在の春日市須玖《すぐ》一帯を中心とする地に比定されるが、この地は須玖岡本遺跡を中心に板付《いたづけ》、比恵《ひえ》、高宮《たかみや》、井尻《いじり》など、筑紫豊氏が「弥生銀座」と名づけたように多くの遺跡群が散在する広大な地で「二万余戸」という記述に相応しく、また、楽浪郡《らくろう》を経て中国との積極的な外交を行っていた強大な国である。光武帝から印綬を賜るほどの強大な国「ナノクニ」。その地の中心について名島神社の案内板は、「今の名島辺にその中心があったと見る。名島のナはナノクニのナが残ったものと推定するのである」と、多々良川河口に位置する名島周辺に比定している。

名島古墳の存在

私は歴史家ではないので、強大な「ナノクニ」の中心が名島周辺かどうかの論証に立ち入るのは避けたい。ただ、神社高台から山手に視線を向けると、今は住宅が立ち並ぶ丘陵地には全長二九・五メートル、前方部長九・五メートル、前方部幅一七・五メートルの前方後円墳、名島古墳一号が所在し、遺跡からは朱《しゅ》や繊維が付着した状態で三角縁神獣鏡《さんかくぶちしんじゅうきょう》が出土している。この名島古墳は那珂《なか》遺跡と同様、福岡平野では最も古く三世紀末から四世紀初めの築造とされるが、私はこの古墳の存在に大いに関心を抱いてしまう。

古墳には豪族の存在が前提とされる。その豪族が突如として現れるはずはなく、それ相応の土壌がこの地に用意されていたと考えるべきであろう。豪族は富や力の存在を示し、富の源はいうなれば食糧の生産能力であったに違いない。生産が進み経済的に充足し、生活水準が向上したことが古墳出現に示されている。鉄は稲作とほぼ同時に我が国に伝わっており、鉄農具として豊富な食糧生産に大いに貢献した。また、古墳築造は大掛かりな土木事業で、これほどの高い能力を維持していることから、灌漑《かんがい》工事や新田開発が鉄工具によって活発になされたのであろう。大陸・朝鮮との交流が盛んであったこの地に、いち早く出現した名島古墳の存在からも、この地が製鉄史上重要な役目を担ったとの思いがますます強まる。

さて、まだ未熟な航海技術で、印綬を賜るほど度々大海原を渡った倭人は、彼の地で何を見、何を欲し、当時の大陸・朝鮮の政治状況、技術・文化は彼らの目にどのように映ったであろう。

名島神社から視線を博多湾に向けると、静かに浮かぶ玄界島の遙か彼方、異国の地に連なる大海原が広がっている。名島の地は、文明を彼の地に求めた倭人が、遙か彼方へ思いを寄せる場所であったに違いない。

現在、この地には、大きな鉄橋が視界を遮るように架かり、今なお埋め立てが進行し、海原はずいぶん狭くなった。寂しいことである。右手には古代より海人が活躍し、金印が出土した志賀島が位置し、左手に視線を移すと、『魏志倭人伝』に「千余戸あり。世に王あるも、皆女王国に統属す。郡使の往来常に駐《とど》まる所なり」とある糸島半島が位置する。

玄界灘を渡って

古代船「野生号」

十数人の漕ぎ手で四十七日間かけて韓国の仁川《インチョン》港から対馬・壱岐などを経て、博多湾に辿り着いたのは「野生号」と名づけられた古代船である。昭和五十（一九七五）年八月五日のことであった。邪馬台国への約一二〇〇キロに及ぶ「海の道」を再現したロマン溢れる航海を、マスコミが大々的に報じた記憶が微かに残るが、何とも愉快な冒険である。

この野生号は宮崎県西都原《さいとばる》の埴輪に描かれていた、左右に十二本の櫂座《かい》がつけられた絵をモデルに製作された古代船で、長さ一六・五メートル、幅二・二メートル、総トン数三・九トン、定員三十名、櫂十四本の船体である。現在は千葉県立安房《あわ》博物館に保管されているが、当時の外海航海用として野生号の大きさが適切かどうかの判断は、なかなか困難である。

河川用の船としては単材の刳船《くりぶね》が出土しており、その大きさや構造は意外とはっきりしているものの、大海用の船は大型で風や大波でバラバラになりやすく、腐食進行も早いために残念ながら遺物としては残りにくい。古代船の大きさや構造については、依然として不明な点が多いのである。

日本最古の船は加茂《かも》遺跡（千葉県）の河川用の丸木船で縄文中期といわれるが、近年、荒尾南遺跡（岐阜県）で上下八十二本もの多数の櫂を持つ船の絵が描かれた壺が出土した。時代は弥生後期である。実際にこのような船が存在したかは別にしても、野生号の船底は平たい形状で喫水《きっすい》も浅くて、波高い玄界灘を航海するには意外と小さいが、大海用の船は野生号よりも大きな船であったと思いたい。

一般に弥生時代の船は帆柱を持った刳船か、もしくは上部に側板を加えた準構造船で、その後、複数の木材を接合して長くして、内部を補強した船室を持つ構造船へと発展したといわれる。しかし、『魏志倭人伝』に記されているように、洛陽《らくよう》・帯方《たいほう》への度々の派遣やその人数、航海の期間などを考慮すれば、相応の大きさ、構造を備えた船であったと想像される。とすると、当然ながら大木を伐採して板材とするための工具や組み立て用の釘などの鉄材が必要となる。

このように構造船の場合は鉄器の普及状況が重要な要素となるが、弥生中期ごろのものと思われる、木材を平らに削り出す手斧《ちょうな》、鉇《やりがんな》などが九州北部で広く出土し、壱岐・対馬では釘状品が発見されている。何より、中国では巨大な構造船が存在しており、壱岐・対馬の湾上に度々その姿を現していたことから、すでにその技術は得ていたと考えられる。

ともあれ、古代人が荒々しい玄界灘を越えたのは間違いない。とすれば、大陸・朝鮮に渡る際に「飛び石」として位置する壱岐・対馬の存在には重要な意味があるようだ。

壱岐・原の辻遺跡

「一大国《いちだいこく》に至る。（略）三千ばかりの家あり。やや田地あり、田を耕せどもなお食するに足らず、また、南北に市糴《してき》す」

『魏志倭人伝』に記された壱岐郷《ごう》ノ浦《うら》港に、高速船ジェットフォイル「ヴィーナス」でわずか一時間で到着した。我々現代人には何と距離を感じさせない時間であろう。しかし、古代人には命を託すに等しい遙かな距離で、畏怖を抱かざるを得ない「海の道」であった。倭人が海を渡るときの様子が「倭人伝」に記されている。

「頭を梳《くしけず》らず、蟣蝨《きしつ》を去らず、衣服垢汚《こうお》、肉を食わず、婦人を近づけず、喪人《そうじん》の如くせしむ。これを名づけて持衰《じさい》と為す。もし行く者吉善《きつぜん》なれば、共にその生口《せいこう》・財物を顧《こ》し、もし疾病あり、暴害に遭えば、便《すなわ》ちこれを殺さんと欲す。その持衰謹まずといえばなり」

このように持衰という人物に航海安全を託したということは、病気や暴風でたくさんの遭難者が出るなど命懸けで、いわば神頼みの航海が常であった証左である。後の遣唐船にも航海の無事を祈る壱岐・対馬の人が必ず乗船し、二百人から五百人を四隻の船で派遣したが、四隻とも無事に帰着できたのは五割にも達してない。まさに死を賭しての航海であった。

一大国の中心集落，原の辻遺跡（壱岐）

タラップを降りると潮香を含んだ心地良い風が頬を撫で、見上げると青く澄み渡った空はずいぶん広く、意外と平坦な島のようだ。春休みのせいであろう。穏やかな港にはたくさんの船が鉄製の繋船柱に係留されているが、小中学生や家族連れも多く、華やかな古代の港の賑わいが偲ばれる。古代は小さな木造船に命を託した航海であったが、今見る船は持衰を要しない巨大な逞しい鉄船で、遭難や沈没などの海難事故に遭遇することは滅多にない。幾度の航海を終えた船であろう。船腹にはペンキを押し破り赤茶色の錆が至る所に浮き出ており、荒波に耐えた航海の記憶がその姿に刻まれている。

ここより車で約二十分、なだらかな丘陵に囲まれた穏やかな水田地帯に、昭和二十六（一九五一）年、考古学上、貴重な遺跡が発掘された。原《はる》の辻《つじ》遺跡である。遺跡はすでに埋め戻されていたものの、ここからは住居跡、船着き場、さらには大規模建造物の存在を示唆する柱穴群などが発見され、いわゆる「一大国（一支国）」の中心集落だったことが明らかになった。

遺跡からは鉄製の鍬《くわ》先、鎌、手斧《ちょうな》、小刀、釣針などの農具、工具、漁労具など、実に多彩な品々が出土しているが、この中に中国、新の時代（一世紀前半）に三十年間ほど流通した、極めて貴重な通貨「貨泉《かせん》」が見られる。この通貨は福岡県内で四例ほど発見されているが、ここで注目したいのは貨泉と一緒に「鉄鋌《てってい》」と呼ばれる地金《じがね》らしき薄い鉄の板が出土していることである。この鉄鋌も貨泉同様、西日本各地の弥生遺跡に見られ、この時期、壱岐・対馬を「飛び石」に、朝鮮との活発な交流があったことが窺い知れる。ここで想起されるのは、「国、鉄を出す。韓、濊《わい》、倭皆従ってこれを取る。諸市買《しょいち》うに皆鉄を用う。中国の銭を用うるが如し。又以て二郡に供給す」という『魏書』巻三十、東夷伝・弁辰《べんしん》の記載である。

領土拡大に意欲を燃やした漢の武帝は紀元前一〇八年、朝鮮を四つの郡に分けて植民地として支配するが、ここにある二郡とは広大な中国大陸への入り口であった楽浪・帯方である。当時の朝鮮ではすでに豊かに鉄を利用する文化が成立しており、鉄の主要生産地である弁辰《べんしん》、後の任那《みまな》が二郡に地金を供給していた。その地金を求めた倭人が度々死を賭して憧憬の国へと渡ったのである。

鉄の価値

鉄は貴重であった。農具や兵器の素材としてだけでなく、中国の通貨のようにお金としても鉄が流通していた。現在では、鉄は産業基盤としてその特性を生かし、経済の基本には金が用いられているが、この時代はいうなれば鉄本位制の時代と考えられる。

原の辻遺跡から出土した鉄鋌は長さ一三・五センチほどの携帯に適した板状品である。各地の遺跡から出土した鉄鋌の大きさは様々であるが、このような鉄素材が通貨として使用されたのである。なぜ、通貨として流通する価値があったか。いうまでもなく、鉄の持つ有用な物性にある。

鉄は強い。他のどの金属よりも強さ、硬さに優れるがゆえに、強力な威力を発揮する武器になる。司馬遼太郎氏は、漢の武帝が中国人を悩ませ続けた騎馬民族の匈奴《きょうど》に勝利した理由を、「漢は鉄製の武器を使ったからであり、匈奴は青銅の鏃《やじり》を使っていた。ただそれだけの理由である」（『司馬遼太郎が語る日本　未公開講演録愛蔵版Ⅱ』朝日新聞社）と簡潔に記したが、鉄の本質を簡単明瞭に表している。

青銅の後に出現した鉄であるが、この時代、鉄の威力はひときわ強大で、それだけのインパクトを持つ登場だった。また、「鉄は熱いうちに打て」といわれるように、熱すると容易に姿・形を変える柔軟な性質を備え、加工面からも鉄の性質は実にありがたい。

武器として強大な威力を発揮すると同時に、農耕具や大工工具などに変化し、生産活動に大いに寄与する。つまり転生の利く便利な金属である。この時代に田畑の耕作に使われた鍬を観察すると、鍬全部ではなく木製の鍬先だけに被せものをするように板状の鉄がはめ込まれている。堅牢で容易に刃先が摩耗せず、耕作も順調に進んだであろうが、鍬先だけの鉄には、命を賭した貴重さと大地を開墾する強い鉄への古代人の心情が見て取れるようだ。

また、通貨としての貴重さは、鉄鋌が鍛冶工房遺跡には見られず、出土場所が古墳に限られていることからも窺い知ることができるが、出土地は質量ともに北部九州地方が圧倒的に多いのである。

平成八（一九九六）年九月、原の辻遺跡の船着き場跡が日本最古の船着き場と騒がれたが、このような大がかりな土木工事にも、種々の工具へと転生した鉄が寄与したのである。原の辻遺跡のこのような発見は文献に記された内容を考古学が実証した貴重な例となったが、「弥生時代のデパート」とも呼ばれる原の辻遺跡の発掘は、まだ、全体の五パーセントほどであるから、今後の発掘結果には大いに期待が持てる。弥生時代の研究に大いに寄与したこの遺跡は平成十二年十二月、国の特別史跡に指定された。

広い平野部を持つ壱岐は、肥沃な土地ゆえに侵略、略奪などの被害に度々遭遇しているが、この平たい島の標高二一二メートルの山頂に、一面芝生に覆われた岳《たけ》ノ辻《つじ》公園がある。緩やかな坂道を小汗を浮かべながら頂上に辿り着くと、空は高く三六〇度の大パノラマが展開している。海は穏やかで、染み一つない青一面の絨毯《じゆうたん》に、スーッと水面を切り裂いた一本の白い航路が彼方に伸びていた。

思えば、いつの時代でも新天地を求めて旅立つ人々がいた。荒波を越えた勇気ある先人たちによってこの航路は開かれたのである。そして海を渡った倭人が見たものは、自分たちより遥かに高度な技術を持った人々の豊かな生活と文化であった。

神功皇后と鉄

香椎駅のレール

名島神社の前の海岸に帆柱石《ほばしらいし》がある。九個の円柱形の石が、寄せては返す波に静かに洗われている。この帆柱石は、北九州の帆柱山の松の木でつくられた帆柱が、神功皇后が三韓征伐に成功して御座船したとき石になったと伝わるが、気のせいか鉄錆色の鉄輪《かなわ》の跡が見えるようだ。ここより少し離れた場所には皇后が祝宴を設けた「俎板石《まないたいし》」、皇后が腰を下ろし休んだ「縁《えん》の石」と名のつく石が鎮座している。神功皇后が夫の仲哀天皇とともに祭神として祀られている香椎宮に向かうことにする。

鹿児島《かごしま》本線で門司《もじ》方面から行くと、博多《はかた》につく三つ手前に香椎《かしい》という小さな駅がある。この駅をおりて山の方に行くと、もとの官幣大社香椎宮《かしいのみや》、海の方に行くと博多湾を見わたす海岸に出る。前面には「海《うみ》の中道《なかみち》」が帯のように伸びて、その端に志賀島《しかのしま》の山が海に浮かび、その左の方には残《のこ》の島《しま》がかすむ眺望《ちょうぼう》のきれいなところである。

松本清張氏の推理小説『点と線』（新潮文庫）の舞台として、香椎は広く全国に知られる地名になった。当時、小さかった駅も現在は近代的な装いとなり、乗降客も多い。

私も度々利用するが、プラットホームから眺める二本のレールは、田舎育ちの私に時折切ない感情を抱かせる。かつて集団就職列車と呼ばれた列車が走る時代があった。中学を卒業したばかりの生徒が金の卵ともてはやされ、貴重な労働力として大都会へ、工場へと運ばれたのである。幼少のころ、そのような別れの場面に幾度ともなく立ち会った。列車がガタンと軋み動き始めると、それが別れの合図であった。都会の工場で働き始めた友は、仕事帰りに茜色に染まったレールをどのような思いで眺めたであろう。レールの先には故郷があり、列車に乗りさえすれば運んでくれるのである。鉄の道は故郷へと続く道であった。

鉄の道，レール（香椎駅）

改札口を抜けてホームへ向かいながら、建物の鉄柱が何やらレールの姿に似ているのに気づいた。いかに強固な鉄でも長い勤務にはさすがに耐えられない。何両も連ねた列車はどれほどの重量であろう。ガタンゴトンと衝撃を受け続けるたびに削られ、弱るに違いない。このように時間とともに弱る現象を金属疲労というが、疲労とはよく名づけたものだ。人間同様、鉄も疲れるのである。案外、鉄と人間は似たような面も多く、そのような見方をすると、より一層、鉄に親近感を抱けそうである。少々疲労気味の私も、駅柱へと再生したレールの姿に安堵の気持ちを抱いてしまう。ただただ故郷へと続く道だったレールが、数十年の歳月を経た今、私を励ましてくれている。

勅使道の楠

香椎駅を出て左折し、二〇〇メートルほど歩くと西鉄香椎宮前駅に着く。踏切を渡り「官幣大社香椎宮」と刻まれた大きな石碑がある鳥居前を右折し、草木に覆われた幾分急な狭い坂道を歩くと、街中の喧騒は消え、静寂な頓宮《とんぐう》に辿り着く。

いざこども香椎の潟に白妙の袖さへぬれて朝菜摘みてむ　（大伴旅人《おおとものたびと》）
時つ風吹くべくなりぬ香椎潟潮干の浦に玉藻《たまも》刈りてな　（小野老《おののおゆ》）
往き還り常にわが見し香椎潟明日の後には見む縁《よし》も無し　（宇努男人《うぬのおひと》）

明治の元勲、三条実美《さねとみ》の筆で書かれた立派な歌碑が立っている。神功皇后を祀る香椎宮には筑紫路《つくしじ》を歩いた多くの人が訪ねており、『万葉集』に収録されたこの三首は、大伴旅人が大宰《だざいの》師《そち》として赴任し、小野老、宇努男人の官人を伴って参拝した折りに詠まれた歌である。この地も多々良地区同様に海岸線が大きく入り込んだ風光明媚な地で、神功皇后を詣りにきた人々は、のどかな香椎潟で疲れを癒したと思われる。

この地に鉄道が敷かれたころも、まだこの付近まで波が押し寄せ、海中鉄道の感があったようだが、このような風情を残していたからこそ、松本清張氏も名作の舞台に設定したのであろう。

ここより香椎宮までの約一キロの歩道は楠（樟）が鬱蒼と繁茂しており、勅使道《ちょくしどう》と呼ばれる。神功皇后以来の皇后訪問といわれた貞明《ていめい》皇后（大正皇后）の来訪を機に、勅使を迎える儀式が

根元全体をすっぽり覆うタイプの一般的な根元カバー（上）と勅使道の根元カバー（下）

大正十四（一九二五）年に復興された。それを記念して楠の植裁が行われ、現在は十年に一度、勅使がこの道を通っている。

道の両側には、楠の濃い緑、淡い緑が重なった枝からこぼれる光が、何やら奇妙なコントラストを足下に描いている。鈍重に輝く鉄でつくられたカバーが楠の根元に敷かれ、道行く人はその上を何気なく歩く。由緒ある楠を鉄が人ごみから守っていたのである。マンホールやベンチ、門扉など多彩な鉄造形物が都市の景観を彩る中、根元カバーも最近はよく見かけるようになった。様々な大きさ、模様の鋳鉄鋳物《ちゅうてついもの》のブロックを組み立てた根元カバーは、グリーンサークルとも呼ばれる。根元全体をすっぽり覆うカバーが多い中で、この通りのカバーは幾分遠慮がちに見える。神木楠への心優しい配慮と思われるが、事実、楠は大地に広く強く根を下ろし、見上げるような大木となった。鉄は見事にこの地に馴染んでいる。

神功皇后伝説

勅使道を通り過ぎると、『古事記』に「訶志比宮《かしひのみや》」、『日本書紀』に「橿日宮《かしひのみや》」と記されている香椎宮に到着する。草木に覆われた菖蒲池《しょうぶ》には鯉や亀が泳ぎ、花菖蒲が薄紫や紫色の花を水面に鮮やかに映し出し、広い境内には桜や紫陽花《あじさい》、ツツジなどが至る所に生い茂っている。その菖蒲池前を流れる小川のフェンスに、奇妙な形のアルミ製の造形物が多数貼りついている。

実はこの造形物は、蛍の群舞する清流を取り戻す活動をしている市民グループ「東区ホタルの会」と連携して、私の前任校である香椎工業高校の生徒諸君がジュースなどの空き缶を回収して溶解し、鋳込《いこ》んだ蛍のオブジェである。愛嬌ある蛍のお尻には反射板が取りつけられ、夜に車灯を受け光る仕組みであるが、生徒諸君の願いが叶い、一日も早く本物の蛍が群舞する日が訪れるのを楽しみに待ちたい。

群舞するホタルのオブジェ（香椎宮前）

菖蒲池を過ぎて境内に入ると、楠や杉の大木にこんもりと覆われた、朱と緑の彩りが鮮やかな本殿が迎えてくれる。八世紀初頭の創建と伝わる、両翼を綺麗に張った「香椎造り」と呼ばれる優雅な姿である。本殿周囲には、勅使の記念植樹が幹の太さ、高さに樹齢の違いを見せている。また、本殿左側の建物には軍服をまとった神功皇后らしい絵が掲げられている。背景に軍船らしき船も描かれていることから、戦いの指示を与えている場面であろう。『古事記』や『日本書紀』から、神功皇后がこの地を訪れたときのことを記してみよう。

仲哀天皇は熊襲《くまそ》を討つために大和を出発し、穴門《あなと》（後の長《なが》門《と》）の豊浦で神功皇后と落ち合い、筑紫の香椎の宮に着いた。ここで軍議が開かれ、熊襲から討つが良いとする天皇と、

「眼炎《まかかや》く金《こがね》・銀《しろかね》・彩色《うるはしきいろ》、多に其の国に在り」との神託があった新羅を征服すべしという皇后の主張が対立し、「朕《われ》、周望《みめぐら》すに、海《わた》のみ有りて国無し」と神託に従わなかった天皇は熊襲征伐に失敗して神罰を受け急死した。

　皇后は香椎の浦で潜海《みそぎ》をして大三輪《おおみわ》の社を建て、刀や矛を奉って新羅征伐について神意を伺い、軍兵を集めた。このようにして親征の準備はできたが、折から妊娠中であった皇后に出産の日が迫ってきた。皇后は石を御裳《みも》の腰に挟んで「事竟《ことを》へて還《かへ》らむ日に、茲土《ここ》に産まれたまへ」といって出産を延期された。皇后はついに大軍を率いて新羅征伐を決行し、新羅王に城下の誓を立てさせることに成功した。さらには高麗・百済と合わせて三国が臣下となった。

　戦前の方ならすぐ思い浮かぶであろう、神功皇后の有名な「三韓征伐」物語である。香椎工業高校の校歌には浜男《はまお》という地名が歌われるが、この地名は皇后が征伐に旅立つ前に髪を海水につけ髻《みずら》に結い、男装をしたことからついた地名で、近くには鎧をつけた鎧坂《よろいさか》、兜をつけた兜《かぶと》塚《つか》、そして新羅人の耳を埋めた馘塚《みみつか》の地名も残っている。西鉄香椎宮前駅の近くのマンションの谷間にひっそりと浜男神社が佇むが、道行く人も無関心に通り過ぎ、校歌を歌う生徒諸君もそのような由緒を知らずに卒業してしまう。残念なことである。

　このように多々良川周辺には神功皇后ゆかりの地名が数多く残り、また伝説や言い伝えなども多い。新羅へ出発の際、船頭は最後の人の名を呼んで兵を締め切った。この名〆より名島の地名になり、御乗船の帆柱が帆柱石になったといわれる。また、御帰還の際、香椎に向かう途中の松原で舞が繰り広げられたところから舞松原《まいまつばら》に、無事、応神天皇が産まれたことより宇美《うみ》という地名に、宇美川に流された御用具が着いた所が御手洗《みたらい》に、天皇を竹のザル（ショウケ）に入れて峠を越したことよりショウケ越えの地名になった、などである。

神功皇后の存在を巡っては邪馬台国女王卑弥呼や白村江《はくすきのえ》の戦いで百済の救援に向かう途中、筑紫で倒れた斉明天皇に当てる見方もあるようだが、伝説の皇后と考えた方が妥当と思われる。とはいうものの、今も中国鴨緑江《おうりよっこう》に立つ高句麗広開土王陵碑《こうくりこうかいどおうりょうひ》には「三九一年、倭が海を渡ってきた」とあり、諸説はあるものの「新羅、百済、加羅を臣民とした」、「四〇〇年、倭軍を追い出し、四〇四年、倭軍に壊滅的打撃を与えた」などの記載より、神功皇后の虚実は別にしても、四世紀から五世紀の時期、我が国と朝鮮は緊張関係にあり、立て続けに戦いがなされたのは歴史的事実である。

では、この歴史的事実を背景に、架空の人物、つくられた神話ともいわれる神功皇后の「三韓征伐」物語をいかに解釈すればよいのだろうか。また、数々の伝説、伝承、ゆかりの地名がこの地に残るのはどのような理由であろう。

鉄を求めた倭人

井上光貞氏は『日本国家の起源』（岩波新書）で、朝鮮出兵の背後事情を次のように述べている。

日本が南鮮の確保に異常な執着をもったのは、卑弥呼の時代ごろから倭人の関心の対象であった南鮮の鉄資源のためであったろう。この鉄資源を確保しえたものが、水野氏のいわゆる崇神王朝であろうと、北九州を席捲していた中部九州の勢力であろうと、日本全土を支配しうる有力な候補者たりえたのである。なぜなら鉄はまず武力の象徴である。豊富な鉄製武器を独占しえたものこそ、国土を早く統一しうる優越した軍事力をもつことができたばかりではない。(略)朝鮮出兵は、この鉄の問題の故に、四世紀から五世紀初頭における強大な王権の成立、そのもとにおける確固たる統一組織の誕生と密接な関係を持っていたのである。

このようにいかにも切実な鉄資源確保の背景下で、伝説の皇后として神功皇后が登場し、三韓征伐の神話が生まれ、一時的とはいえ、香椎に都を置き、実在したといわれる応神天皇を宇美で誕生させた。この壮大な物語は、強大な大和朝廷成立に果たしたこの地の重要性を、神話や伝説に託したと解釈できよう。そして、この地より強力な武器となる鉄を得、強大な王権成立を果たしたとするならば、鉄生産もこの地より始まったと結論づけるのは少々乱暴過ぎるであろうか。

『日本書紀』の神功皇后五年三月条を記したい。

皇太后《おほきさき》、則ち聴《ゆる》したまふ。因《よ》りて、葛城襲津彦《かづらきのそつびこ》を副《そ》へて遣《つかは》す。共に対馬《つしま》に到りて、鉏海《さひのうみ》の水門《みなと》に宿《とま》る。時に新羅《しらき》の使者《つかひ》毛麻利叱智《もまりしち》等《ら》、窃《ひそか》に船及《ふねおよ》び水手《かこ》を分《くば》り、微叱旱岐《みしかんき》を載せて、新羅に逃れしむ。乃ち蒭霊《くさひとかた》を造り、微叱許智《みしこち》の床《とこ》に置きて、詳《いつは》りて病《やまひ》する者《ひと》の為《まね》にして、襲津彦《そつびこ》に告げて曰《い》はく、「微叱許智《みしこち》、忽《たちまち》に病みて死なむとす」といふ。襲津彦、人を使《つかは》して病する者を看《み》しむ。即ち欺かれたることを知りて、新羅の使者三人《みたり》を捉《とら》へて、檻中《うなや》に納《こ》めて、火を以て焚《や》き殺しつ。乃ち新羅に詣《いた》りて、蹈鞴津《たたらのつ》に次《やど》りて、草羅城《さわらのさし》を抜きて還る。是の時の俘人《とりこ》等は、今の桑原《くははら》・佐糜《さび》・高宮《たかみや》・忍海《おしぬみ》、凡《すべ》て四《よつ》の邑《むら》の漢人《あやひと》等が始祖《はじめのおや》なり。

たたらが「金銀彩色豊かな宝の国」の地、新羅地方の地名に蹈鞴津として現れている。この地は現在の韓国釜山《プサン》市の南の多大浦《タデポ》とされるが、次いで『日本書紀』の継体天皇二十三（五二九）年四月条の占拠した四村の中に「多多羅」、敏達天皇四（五七五）年六月条の新羅の調《ちょう》を記した中に「多多羅」、推古天皇八（六〇〇）年二月条に占拠地として「多多羅」と、朝鮮の地名として記されている。

『日本書紀』には欽明天皇二十三（五六二）年正月条に日本の植民地とされる任那の滅亡が

述べられ、敏達天皇四年六月条に「新羅が多多羅以下四邑の調を進めた」とあるように、大和朝廷は任那滅亡のとき、または敏達天皇四年に、新羅に四村の調の貢進の義務を課したと思われる。

天武天皇七（六七九）年の新羅使の調の内容は金、銀、鉄、鼎《かなえ》、綿、絹、布、皮、馬、狗《いぬ》、駱駝《らくだ》などと実に多彩な品々で、後の天武天皇九年の新羅使も同様であるが、おそらく鉄が調の重要品目であったに違いない。新羅は強力な武器素材として自国を脅かす鉄の調は国家戦略として断りたかったであろうし、事実、新羅は貢調を怠りがちであった。推古天皇八年二月条に、多多羅を始め六城を攻め取ったとあるのは、この調の確保すなわち任那を失った朝廷が鉄の権益を再確保するためであったといえよう。

また、文中には蹈鞴の地名の他、佐糜《さび》・忍海《おしぬみ》などの興味ある村名が記されている。「さび」は現在では「銹・寂」を表すが、朝鮮語では「鋤」や「剣」を意味する言葉で、また、忍海は先の金発見で大伴御行を騙した三田首五瀬の出身地であり、『肥前国風土記』に「忍海漢人《からひと》を筑紫にやって兵器をつくらせた」とあるように、連れ帰った人々は優れた技術を持った工人集団であったに違いない。

このような神功皇后伝説より一貫して感じられるのは、井上光貞氏が指摘するように、大和朝廷の飽くなき鉄への欲求である。鉄を求めた倭人は強大な王権確保のためにしばしば朝鮮に攻め入り、優れた技術者を連れ帰り、多々良の地名が誕生した。私がこの地の多々良の地名が古代製鉄法と繋がり、製鉄史上、極めて重要な位置を占め、いうなれば数ある「たたら」の地名の先進地、発信地であったに違いないと思う所以である。

七枝刀と裂田溝

さらに神功皇后と鉄との結びつきを裏づける記載が『日本書紀』にある。神功皇后四十六年三月条には百済の肖古《しょうこ》王が諸々の品と一緒に「鉄鋌《ねりかね》四十枚」を献上したと、わざわざ枚数まで示しているのは、貴重な品であった鉄鋌をいかに多数献上されたかを誇示するメッセージに思える。

なお、皇極天皇元（六四二）年四月条には、逆に蘇我臣蝦夷《そがのおみえみし》が百済の使者に良馬一匹と鉄鋌二十枚を与えた話も載っているが、これは文献上で確認される国内鉄生産の最初の記事といえよう。もちろん、鉄生産開始をこの時期とするのではなく、充分な鉄生産基盤が国内に整ったことを誇示したものと思えるが、鉄確保に苦心惨憺した経過より、使者に託したときにはさぞや感慨深かったに違いない。神功皇后五十二年九月条には「則ち七枝刀《ななつさやのたち》一口」の記載があり、この鉄刀や七子鏡《ななつこのかがみ》など種々の財宝の他、「是《こ》の山の鉄《かね》を取りて、永に聖朝《ひじりのみかど》に奉らむ」と、谷那《こくな》鉄山の鉄を永久に献上する旨の内容が記されている。

古くから天皇家の武器貯蔵庫の役割を果たした日本最古の神宮、奈良県の石上《いそのかみ》神社には多数の神宝が納められており、七枝刀《しちしとう》が国宝として保存されている。刀身両側にそれぞれ三つの枝を左右交互に出した誠に奇妙な七枝刀の姿・形には「七国平定」の意味が込められているようである。刀身に刻まれた泰和四年の文字より、三六九年につくられた刀で、諸説あるものの、百済王が「永く後世に伝わるように」と倭王に贈呈したものに違いない。

また、皇后の夫の仲哀天皇九年四月条には、「神田を潤すため灌漑用の溝を掘ったが、迹驚《とどろき》岡《のおか》で巨磐が塞がり溝を通せずに困っていた。皇后が武内宿禰《たけうちのすくね》を呼び、剣と鏡を神前に捧げ祈らせたところ、雷が激しく鳴り磐を大破して水を通したので、その溝を名づけて『裂田溝《さくたのうなで》』という」との内容の記載がある。

福岡市の南、那珂川町安徳《あんとく》に所在する「裂田溝」が伝説の場所に当たるが、この用水路は四世紀から五世紀の築造と見られ、民俗学者谷川健一氏は、ここでいう雷は鍛冶神または金属神の別称で、おそらく鉄器で大磐を壊したことを指していると述べている。全長約六キロ、一三〇ヘクタールに及ぶ広大な用水路築造には多くの困難が伴ったであろうが、この時代、すでに干拓灌漑の技術が相当の水準に達していたと考えられ、大事業成功の背景にある、磐を砕き土を掘り起こした豊富な鉄の支えに思いが及ぶのである。

華やかな文化を持ち、鉄が豊富な理想郷の新羅。その地の征服を願ってつくられた神話、この地に残る数々の伝承。極めて象徴的といわざるを得ない。そもそも、神功皇后の名は、『日本書紀』では「気長足姫尊《おきながたらしひめのみこと》」とあり、『古事記』では「息長帯比売命《おきながたらしひめのみこと》」と記しているが、「気長」、「息長」は、鉄精錬の「ふいご」そのものを意味していることに他ならない。

筑紫君磐井の乱

一大決戦

我が国の歴史は、『魏志倭人伝』以後は中国の記録から姿を消していて、四世紀末までは空白の時代とされており、わずかに神功皇后伝説などが記された『日本書紀』や『古事記』に頼るしかない。この時期の我が国は地域間の連合や同盟が緩やかに始まり、五世紀には諸豪族の首長は大王《おおきみ》と呼ばれるようになり、中国の史書『宋書』倭国伝に讃《さん》・珍《ちん》・済《せい》・興《こう》・武《ぶ》の「倭の五王」の記録が多く表れてくる。この中の讃とは仁徳天皇である。全長四八六メートルにも及び最大規模を誇る前方後円墳、仁徳天皇陵の建設には約千人もの人手と四年もの歳月を費やしたともいわれるように、大和朝廷はこの時代にはすでに労働力、技術力などを含む強大な権力を維持していた。

さて、五世紀から六世紀にかけては、前世紀と同じく中国では南北が対立して争い、朝鮮半島も高句麗、新羅、百済が国の統一を巡って抗争する緊迫した情勢にあった。

五世紀中ごろには高句麗が勢力を強めたため、新羅、百済は南進するが、百済と親交を結ん

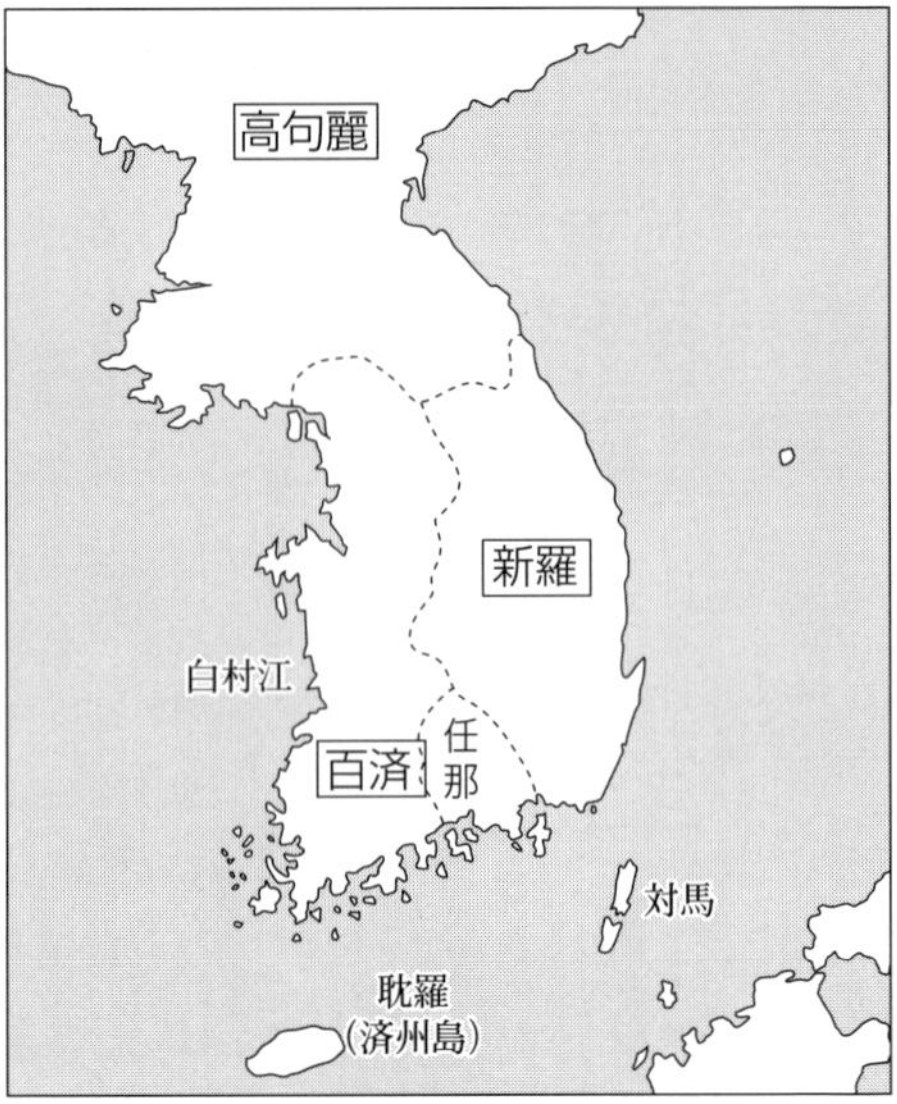

6世紀の朝鮮半島

できた大和朝廷は百済の求めに応じ、権益を維持していた任那の一部をあっさり割譲している。

この大和朝廷の徹底した親百済政策に対し、新羅は九州の豪族筑紫君《つくしのきみ》磐井《いわい》と手を結び、磐井の率いる筑紫の軍勢と大和の軍勢との間で列島の統一をかけた「磐井の乱」と呼ばれる古代の大戦争がついに始まった。『日本書紀』の継体天皇二十一（五二七）年六月条―二十二年十二月条に次のような内容が記載されている。

「大和朝廷は近江毛野臣《おうみのけなのおみ》に六万の軍隊を統率させて、新羅に占領された朝鮮半島南部の地を奪回するため西下させた。新羅の賄賂を受けた筑紫国造磐井は渡海を阻止するため、火《ひ》（後の肥前・肥後）・豊《とよ》（後の豊前・豊後）を傘下にして大和朝廷に戦いを宣言した。翌年十一月、物部大連麁鹿火《もののべのおおむらじあらかひ》を大将軍として筑紫の御井《みい》郡（後の三井郡）で交戦し、一年有余にわたった戦いは大和軍が勝利し、磐井を斬殺した。その年十二月、磐井の子葛子《くずこ》は父の罪に連座して殺されるのを恐れて、代償として糟屋屯倉《かすやのみやけ》を献上して、死刑に処せられないよう懇願した」

ここでは磐井は賄賂を受けた謀反人、反逆者として、いわば悪者扱いである。しかし、勝者により書かれた歴史をそのまま評価できないのは歴史の常で、「大和朝廷の朝鮮出兵のためのおびただしい物資、兵士の徴収、軍船の造船など度重なる負担への反発、反乱だった」、「国土統一を目指す大和朝廷に対する九州の豪族の反発、独立運動であった」などの解釈があり、大戦の動機としてはどちらも相応しい。いずれにしろ軍事力も含め複雑な要素が絡み合う中での大戦で、古代国家形成の画期となった戦いである。

まさに、その後の日本の歴史が大きく変わる一大決戦。勝利の栄冠を勝ち得たのは大和朝廷であったが、破れた磐井の子葛子は糟屋屯倉を献上して死罪から免れたと記されている。ここでいう「屯倉」とは、朝廷の直轄領から収穫した稲の貯蔵庫の意味である。最近、左右に連なる四重の柵列の中に大型の建物跡が見られる遺跡が田淵遺跡（古賀市）で確認されたが、出土した土器などから六世紀後半（古墳時代後期）と見られ、糟屋屯倉の可能性が非常に高いようだ。

さて、大和朝廷は磐井の子葛子の命を助けて、この地を足がかりに九州に勢力を拡大するが、それにしても、これだけの大戦の敗者は斬首が常識で、生き延びることはまず考えられず、いかにも不思議な結末である。すでに述べたように朝鮮半島は覇権を競う緊張状況にあり、国内では大和朝廷の基盤は脆弱で、各地の豪族が充分に力を保持した軍事的緊張下にあり、常に権力的危うさと隣り合わせであった。そのような状況で筑紫君磐井は糟屋の地を支配していた。そして、雌雄を決する戦いに敗れたが、その子はこの地を献上して生き永らえた。この地はまさに命よりも尊い存在であり、それゆえに大和朝廷は何としても手中にする必要があったのであろう。それにしても、遠く離れた筑後の八女《やめ》を根拠地とした磐井が糟屋の地を支配していたことや、糟屋屯倉がこれほどまでに尊ばれたのは、いかなる理由によるのであろう。

磐井と港

大和朝廷は基盤を盤石にするため、積極的に大陸・朝鮮との外交を展開しようとすればするほど、制海権を握る必要性に迫られていた。対する磐井は、朝鮮半島への玄関口で、外交上極めて重要な港であった多々良川河口に息子葛子を配し、支配していたのである。先に述べたように、この地の海岸は、古代より拠点港としての役割を担っており、糟屋の地にはこのような条件を満たす港は多々良川流域以外には見られない。

草枕旅ゆく君を愛しみ副《たぐ》いてぞ来《こ》し四鹿《しか》の浜辺を　（『万葉集』）

病に伏せていた大宰師大伴旅人《たびと》が、見舞いに訪れた朝廷の使者が都へ帰るとき、名残を惜しむうちにとうとう「四鹿の浜辺」を越えて夷守駅《ひなもりうまや》にまで来てしまったという歌である。この「四鹿の浜辺」の位置を現在の志賀島の浜辺とする説もあるが、粕屋町の志賀神社付近とする説が有力で、さらに『日本書紀』で磯鹿《しか》（志賀島）海人とともに現れる吾瓮海人《あえのあま》は阿恵《あえ》島を指し、阿恵の地名は新宮沖合に浮かぶ相《あい》の島《しま》の海人たちが移住したことでついた地名だろうと考

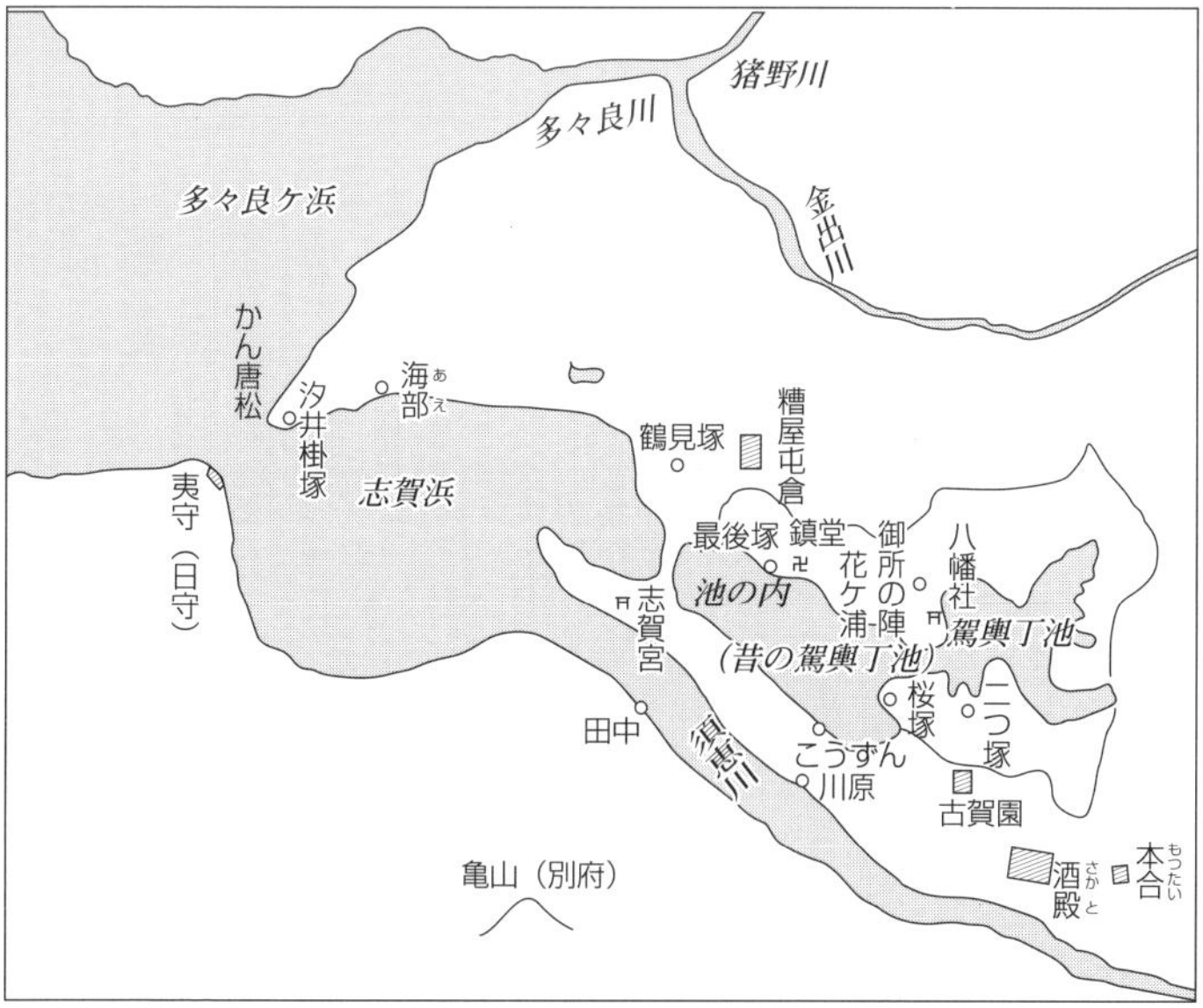

旧仲原村の古地図に記された志賀浜と多々良ケ浜（『粕屋町誌』掲載の図をもとに作成）

えられている。「しか」と「あえ」の地名が隣接して所在するのは、多々良川流域に古くより海人が居住し、古代からの海外交流の拠点港としての繁栄を証すものである。

また、日守《ひもり》神社（粕屋町）にこの歌碑が立っているように、『延喜式』に見える夷守駅は現在の日守と想定され、大宰府から上京するための美野《みの》駅、夷守駅、席打《むしろうち》駅と辿る道筋上にあり、港としての重要性と同時に陸路としても極めて重要な拠点であるが、どうにも私にはこの日守は「（たたらの）火を守る」との意が含まれているように思えてならない。

豊富な資源に恵まれ、海路・陸路ともに重要な拠点であった多々良の地では、様々な生産活動がなされたに違いない。すでに、当時の船も相当大型化しており、大型船を多量に製造するだけの資源や技術が多々良川流域に集積していたと推察される。

船と鉄

船材の腐食は現在ではペイントや防腐剤で意外と簡単に防げるが、古代では腐食に強い木材を船材に選択しなければならなかった。『日本書紀』の神代紀には八岐《やまた》（俣）の大蛇《おろち》を退治した伝説で知られる素戔嗚尊《すさのおのみこと》が自分の髭を抜くと杉、胸の毛は檜、尻の毛は柀《まき》、眉は楠（樟）となり、その中で杉と楠を船材にせよと命じたという逸話が記されている。

我が国の「木の文化」はここに始まったといえるが、事実、河川用と思われる簡単な船は杉材で建造されており、『古事記』に「鳥之石楠船《とりのいはくすふね》」、『日本書紀』には「天磐櫲樟船《あまのいはくすふね》」とあるように、「飛ぶ鳥のように速く走り」、「磐のように強固な」古代船の多くは楠で建造されており、素戔嗚尊の教えが忠実に守られている。

実際、楠は天然の防腐剤としての作用を持つ樟脳《しょうのう》、樟脳油が多量に含まれ、耐水性・防腐性に非常に優れた木である。明治初めに政府は樟脳の増産を目的に、全国的に楠の徴発を命じており、各地の神社の楠も相当数が犠牲となるが、香椎宮の巨大な楠などは運良く今に生き残れている。また、古代日本には楠が群生していたようだが、相当な強度を持ち二〇メートル以上にも成長する大木ゆえに船材としては誠に適した材料で、素戔嗚尊は実に理にかなった逸話を我々子孫に残してくれたといえよう。

香椎から東方を仰ぎ見ると、大小の山々が広い空に連なる。一番高い峰（標高三六七メートル）の立花山に、造船資材となった楠を求めて入ってみた。元徳二（一三三〇）年、大友貞《おおともさだ》載《とし》が筑前支配の拠点として山城を築き、姓を立花と称してから筑前の要塞としての歴史が始まり、乱世の博多のシンボルとなった山である。

立花連山を望む（香椎工業高校より）

一時間足らずで登れる身近な登山地として親しまれる山で、湿り気を帯びた土の香り、木々や草花などが醸し出す爽快な空気を胸一杯に吸いながら頂上に到着すると、吹き抜ける風が快い。眼下には志賀島、香椎、博多の町並みや倭人が渡った大海原が広がり、実に感動的な眺望である。この立花山には樹齢三百年を超える樹高三〇メートル以上の楠六百本が自生するといわれるが、楠自生地の北限はこの立花山であり、国の特別天然記念物に指定されている。爽快な空気を胸に楠原生林に足を踏み入れると、幹を太らせた大小の楠が自由奔放に枝を大きく張り、緑の影を豊かに落とし、異空間に迷い込んだと錯覚するほどの見事な原生林が山を覆っている。

奴国の時代より新羅との交易拠点であったこの地で大規模に造船がなされたとするならば、立花山の楠も大きな船へと姿を変え、大海を渡ったであろう。それにしても、大きな楠を伐採して板材とするのは容易な作業とは思われない。承和五（八三八）年の遣唐使の四隻の大型船は、筑前・筑後・肥前・肥後の諸国に命じて建造され、ある史書に「半数近くが病没で死」、「すでに造船に疲れる」と記されたように、対外交流拠点地としての度々の負担が大戦の起因となったのは充分考えられる。

さて、ここで注目したいのは、造船用に木材を加工する刃物、工具、釘などの鉄製品である。刳船ならば火を使い、燃え滓《かす》を叩いたり削ったりする加工で、鉄工具がなくても製造可能だが、板材を使う船では相当優れた刃物具がなければならない。先の壱岐で見た鉄鋌《てってい》は多くの鉄工具に転生したであろうが、現在も使われる鋸《のこ》、鉇《やりがんな》、釿《まさかり》などの基本工具はすでに古墳時代には全部揃っていた。

磐井が国家の命運を賭け果敢に大戦に臨むことができたのは、武器とともに工具・農具などを充分に供給する基盤がこの地に整い、すでに、鉄加工だけでなく、盛んに鉄精錬が行われた一大生産地の位置づけにあったことがその背景にあると考えられる。まさに鉄を制する者が国を治める緊迫した状況にあったのではなかろうか。

後に述べるが、現在、六世紀から七世紀の最古の精錬炉として、福岡県内にコノリ池遺跡（福岡市西区）と野方新池遺跡（同）、そして岡山県と広島県から一カ所ずつの計四カ所が確認されている。残念ながら多々良川流域にはこの時期の精錬炉出土例はないが、時代は少し下がるものの鉄関連遺跡は実に数多い。盛んに精錬が行われ、鉄製武器や農具を充分供給できる有力な生産地であり、それゆえに対外経済活動の拠点港でもあった多々良川周辺を含む糟屋の地を捧げたことで、磐井の子葛子は大和朝廷に反逆する意志と力を完全に喪失したと見られる。糟屋の地が尊ばれた所以として、豊富な鉄の存在は極めて大きい。

石人・石馬

九州縦貫道八女インターより車で約十分。緑豊かな丘陵地帯に三百基以上の大小の古墳群が散らばるが、この中に九州で最大、我が国でも有数の大きさを誇る岩戸山《いわとやま》古墳があり、また、その一角に岩戸山古墳より古い石人山《せきじんざん》古墳がある。

「その墓域は南北六十丈、東西四十丈。周りには石人と石楯各六十基が交互に建て巡らされている。一角には衙頭《がとう》と呼ばれる別区《ことどころ》が設けられ、石人の立像、その前に伏した裸形の石人、そばには石猪《いしい》が四基置かれ、猪を盗んだ男の裁判の模様を示している。別区には、ほかに石馬三基、石殿が三基、石倉が三基ある」(『筑後国風土記』)

筑紫君磐井は、このような巨大な墓を生前につくった。古墳に面する静かな場所に緑に覆われて立つ資料館の石人《いしひと》・石馬《いしうま》などのおびただしい種類、量の石像彫刻を見ると、この地が「人《にん》形原《ぎょうばる》古墳」との異名を持つのも頷ける。もともと、この国は糸島志登ドルメン(支石墓)に始まり、山岳信仰にも見られるように石への信仰が篤く、さざれ石はやがて巌へと成長し、苔の生えるまで永遠に生命を保つと信じられていた。これが平安時代に歌われて今日まで残るように、石に対して崇拝の念を抱いていたが、石人・石馬はどうにも特異な存在のようだ。

この石造彫刻には比較的柔らかく加工しやすい、「阿蘇の灰石」と呼ばれる阿蘇溶結《ようけつ》凝灰岩《ぎょうかいがん》が使われているとはいえ、精巧な石加工には鋭い鉄工具が大量に使用されたに違いない。そして、石造彫刻は磐井の勢力圏であった筑紫・豊・火各国に見られるが、驚くことに遠く離れた丸山古墳（香川県）や造山《つくりやま》古墳（岡山県）などの石棺にも、「阿蘇の灰石」が使われている。この時代、堅固な重量物の石材が遠く離れた地に大量に輸出されていたとは全く驚愕してしまう。

石人山古墳公園の石像（広川町）

倉敷市の郊外に所在する造山古墳は仁徳陵、応神陵、履中陵に次ぐ巨大な古墳であるが、「真金《まがね》吹く」の枕詞で知られるように、吉備《きび》は古代より鉄の有力な産地であった。この「阿蘇の灰石」の存在が示す吉備の豪族と九州の豪族磐井との交流は、大和朝廷にはさぞや大きな脅威であったろう。

それにしても、大きな岩石を切り出し、繊細な石人・石馬を彫刻するまでの石加工では刃物になった鉄の消耗も膨大であったに違いなく、独特な石文化を支えた背景には豊富な鉄資源を思わずにおれない。優美で温容を湛えた精緻な表現の彫刻には、鉄の息吹が充分過ぎるほど感じられるのである。その石像彫刻文化も、なぜか磐井の乱が起きた六世紀前半には忽然と消滅する。磐井の子、葛子は再び歴史上に現れ、『日本書紀』で斬殺されたとされる磐井は、『筑後国風土記』の逸文では豊前国上膳《かみつみけ》に逃げたとも伝わる。鉄の地を献上した効果はいかにも甚大であった。

磐井の故郷八女市は山紫水明、豊かな自然と古い町並みの残る落ち着いた町で、特産品の香ばしい八女茶をいただきながらしばしの間、日本の命運を賭けた一大決戦に思いを馳せてみた。磐井の軍勢は大和朝廷を凌ぐほど気勢盛んであったらしいが、磐井の勝利で戦いが終結したならば、九州に王朝が誕生し、この地の運命も異なり、鉄の歴史もまた異なる道を歩んだに違いない。古代の一大決戦より悠久の歳月を刻んだ今も、優美さと素朴さを兼ね備えた石灯籠などの石造製品は広く全国に名を知られ、遠く海外まで輸出されていると聞く。磐井の石文化は、今なお、この地に脈々と引き継がれ、我々はこの石造製品と対面するたびに歴史と人の営みの連鎖に思いがゆくのである。

観世音寺の梵鐘

菅原道真と鐘

都府楼《とふろう》はわずかに甍《いらか》の色をみる観世音寺はただ鐘の声をきく

菅原道真は遠く都を偲んでこのように詠んだ。都を追われ遙か遠い九州に流された道真の心に、観世音寺《かんぜおんじ》の鐘の音はどのように響いたであろう。

この総高一五九・五センチ、口径八六・四センチの大きな鐘は、日本最古の紀年銘を持つ京都妙心寺《みょうしんじ》の鐘（国宝）と兄弟鐘、姉妹鐘といわれており、昭和二十八（一九五三）年に国宝に指定されている。

京都市右京区花園の臨済宗・正法山《しょうほうざん》妙心寺は第九十五代花園天皇の離宮があった寺で、その梵鐘の内側の「戊戌《つちのえいぬ》の年、四月十三日、壬寅《みずのえとら》収む、糟屋の評《こおり》の造《みやつこ》、春米《つきよね》の連広国《むらじひろくに》、鐘を鋳る」との銘記から、文武天皇二（六九八）年に糟屋郡の某地で製作された鐘である。

観世音寺の鐘には、笠形の上に「天満」「満」、口の底面に「上三毛」「麻呂」などの陰刻が

観世音寺の梵鐘（太宰府市）

あるが、東大寺の正倉院文書の大宝二（七〇二）年の戸籍帳から、上三毛とは「豊前国上三《かみつみ》毛《け》郡」（現在の築上郡）であることが判明した。観世音寺の梵鐘には紀年銘はないものの、妙心寺の鐘とその形状、寸法、特徴など、ほとんど同じであることから、同じ時期、同じ場所で糟屋評造が二つの鐘を鋳込ませたのであろう。しかし、鐘に浮き出た文様が豊前地方に多く出土する新羅系の瓦紋の系統を引いていることから、帰化人として活躍した秦《はた》氏の一族に関係し、材料には、採銅所《さいどうしょ》の地名が残り帰化人の多い田川の銅を使ったとの考え方も根強い。とすれば鋳造場所は上三毛なのだろうか。青柳種信《たねのぶ》は『筑前国続風土記拾遺《ちくぜんのくにしょくふどきしゅうい》』で、多々良の地名が「たたら」を意味し、精錬所に繋がる理由より、この地を鋳造地と推定している。私は彼の指摘のように、糟屋評造が上三毛の優秀な鋳物師《いもじ》を呼んで、この多々良の地で鋳込んだと考えたい。

また、『日本書紀』天武天皇十一（六八三）年四月条の「筑紫大宰《つくしのおおみこともち》丹比真人嶋《たぢひのまひとしま》等《ら》、大きなる鐘を貢れり」の記載より、観世音寺と妙心寺のこの二鐘だけでなく、他の梵鐘も鋳造された可能性も高く、多々良の地に大規模鋳造工場の存在が考えられる。必然的に使用された青銅も相当量と思えるが、これほどの青銅をどのように入手したのであろう。

奴国の特徴に青銅器鋳型の数多さが挙げられる。九州で発見された三十三カ所の青銅鋳型のうち十八例は奴国を中心とする福岡平野に集中しており、「青銅が丘」とも呼ばれる国産青銅器の一大生産地であった。八田《はった》遺跡（福岡市東区）からは弥生時代としては最も大きな銅剣の鋳型五点が出土しているように、紀元前二世紀ごろにはこの地で銅剣の鋳造が盛んになされていた。また、犬鳴《いぬなき》山の麓の久山《ひさやま》町には中河内銅山跡、縁山銅山跡など大正時代まで採鉱を続けていた銅山があった。大きな梵鐘の運搬手段を考慮すると、近郊での製造が好ましいはずで、糟屋評造が久山の銅を使用し、多々良の地に上三毛の鋳物師を呼んで梵鐘を鋳込んだと考えたい。

大仏建立と銅

ここで銅の話題に触れたい。
「武蔵国秩父郡より和銅を献る（略）武蔵国に自然に成れる和銅いでたりと奏して献わり（略）是をもちて天地の神の顕し奏れる瑞の宝に依りて御世の年号を改め賜え換へ賜りたまふ命をもろもろ聞しめされへと宣る故慶雲五年を改めて和銅元年と為て御世の年号を定め賜ふ」（『続日本紀』）
武蔵国に住む新羅系渡来人の金上元《きんじょうむ》より自然銅が献上され、七〇八年一月に元号は「慶雲」

から「和銅」と改められ、翌月には、現在の円の原点ともなった「和同開珎」が鋳造、通用開始された。銅鉱脈発見で武器や祭器などの銅製品を輸入せず、自分たちで賄えるようになったことに対する朝廷の喜びは大きく、金の発見により「大宝」と改められた元号は、今また、銅の発見で改元となった。先に触れたように、天平の初めは蝦夷《えぞ》の反乱、台風や大地震、天然痘の流行などと災禍《さいか》の時代で、社会不安が広がって政治も中断した、誠に混沌とした時代であった。聖武天皇は平穏な世を願い、天平十五（七四三）年十月に近江紫香楽宮《しがらきのみや》で有名な大仏建立の詔を出している。

「ここに天平十五年歳次癸未十月十五日を以《もち》て菩薩の大願を発《おこ》して盧舎那仏の金銅像一軀を造り奉る。国銅を尽《つく》して象《かたち》を鎔《と》かし、大山を削りて以て堂を構へ、広く法界に及ぼして朕《わ》が知識となす」

まさに「国銅を尽くして」の大事業であった。当時の銅産地には因幡《いなば》、周防《すおう》、山背《やましろ》、備後、長門、豊前などの国々が挙げられる。特に豊前は宇佐八幡の関係より多量の銅を供給したと思われるが、長門からは一八トンの銅が送られたとの記録がある。昭和六十一（一九八六）年の鋳造された際の溶銅塊や銅滓《どうさい》などの原料分析の結果、山口県美東《みとう》町の銅が使われたことが証明されており、「奈良の大仏さんのふる里」のキャッチフレーズで町興しに一役買っているようである。

鋳造作業の困難さゆえに、銅の適性が厳しく審査されたのであろう。山口県産の銅には融点を下げ、粘性《ねんせい》を抑える砒素《ひそ》や石灰分が多く含有され、鋳造作業には都合が良かった。ともあれ「大仏殿碑文」には精錬銅約四九九トン、錫《すず》約八・五トン、金約四四〇キロ、水銀約二・五トンとあり、そして木炭も八〇〇トンと史上最大の消費量であった。

当初、この国挙げての大事業は順調な進捗状況とはいえず、多難な船出であったが、そんな折り、豊前国宇佐八幡宮から「必ず大仏を完成させよう」との八幡神の宣託が届けられている。この宣託こそ、そもそも地方の一族を祀る地方神であった八幡神が国家神となるターニングポイントで、現在、八幡神社は日本の神社の三分の一を占め、全国で四万社を超える。

宇佐八幡宮の縁起には、八幡神は欽明天皇の時代に鍛冶翁《かじおきな》として降臨し、大神比義《おおがのひぎ》という人物が祈念すると三歳の童子として現れ、「我は誉田《ほんだ》天皇広幡八幡麻呂《ひろはたやはたまろ》なり」と宣託したとある。北九州が銅産地であったことから八幡神は銅を掘る職人たちの守護神と考えられ、この宣託は実際には早くから銅山開発を行い、金属加工技術に長じた新羅系の韓鍛冶の辛嶋《からしま》氏からの助力の申し出と思われるが、まさに鍛冶神としての本領発揮であった。そして、誉田天皇とは応神天皇であるが、宇佐神宮には主神として応神天皇とともに神功皇后が鎮座している。応神天皇は神功皇后の子供として宇美町に誕生し、応神天皇の五世孫の男大迹《おおど》王は磐井の乱で勝利し、継体天皇としてこの地を治めた。深い因縁を感じざるを得ない。

前述の梵鐘は元号が「和銅」に変わる前に製作されており、相当な生産量があったことがわかる。銅鉱脈発見地の武蔵国秩父郡は新羅からの渡来人が多く居住した地で、このような人々が発見に重要な役割を果たした。大仏建立のときの技術部門の総監督国中連公麻呂《くになかのむらじきみまろ》、鋳造を担当する大鋳師《だいちゅうし》高市真国《たけちのさねくに》、高市真麻呂《さねまろ》、大仏殿の建築を担当する大工の棟梁猪名部百世《いなべのももよ》はみな渡来系の人々である。奥州の金山発見もまた百済王敬福《きょうふく》による。日本の金属文化に対する、優れた技術、文化を持つ先進地からの渡来人の影響、貢献は実に計り知れない。

鐘の製造技術

大晦日の夜、出不精の私はテレビを通じて全国各地の鐘の音を聞くのを恒例としている。なるほど、大きな梵鐘、小さな梵鐘、強く打つ人、丁寧に打つ人様々だが、我々日本人には梵鐘の振動が生み出す余韻が何とも心に浸み入る。

「観世音寺の鐘」の鳴る風景は「日本の音風景百選」に選ばれており、その妙音は環境庁のお墨つきでもあるようだ。京都妙心寺の鐘は兼好法師の『徒然草』にある黄鐘調《おうしきちょう》の音色で、姉といわれる観世音寺の鐘は盤渉調《ばんしきちょう》と形容されるが、黄鐘調、盤渉調とは雅楽の調子のことで、西洋音楽では「調」に当たる。ちなみに舞楽の総説書の『教訓抄《きょうくんしょう》』（狛近真《こまちかざね》）に「春は双調、東方、木音、青色。夏は黄鐘調、南方、火音、赤色。秋は平調、西方、金音、白色。冬は盤渉調、北方、水音、黒色。壱越調は中央、土音、黄色、若紫色」の一節があるが、雅楽の素養に乏しい身には実際に聴き分けるしか術はない。妙心寺の鐘はお堂の中に納められたものの、観世音寺の鐘は、今もなお荘厳なる妙音を響かせている。優れた技術を持った古代の鋳物師に思いを馳せ、鐘の妙音を楽しみたい。
　実は鐘の音響は様々な要素が重なっており、その調整には高度な技術が要求されるが、中でも決定的な影響を与えるのが鐘の材質である。鐘の材料は銅に錫を混ぜた青銅であるが、銅合金としては最古のもので、驚くことに中国では五千年の昔、青銅の使用法を錫の量で規定した「金の六斉」と呼ばれる規格がすでに存在していた。現在の日本の工業製品はJIS（日本工業規格）で厳格に規定されるが、このような規格は生産量が多いゆえに互換性を重視し、経済的効率を高めるための分類である。この時代、中国では青銅が広範囲に流通しており、中国人はすでに合金の高い知識と技術を得ていたのである。「金の六斉」の斉《せい》とは揃えるという意で標準値を示す。鐘には錫の量一四パーセント、斧には錫の量一七パーセントとあるように、錫の量が増えると強さ、硬さが増し、武器の原料に用いられた。

金の六斉

	錫の量	用　途
鐘鼎（しょうてん）の斉	14%	かね，かなめ
斧斤（ふきん）の斉	17%	おの
戈戟（かげき）の斉	20%	ほこ
大刃（たいじん）の斉	25%	はもの
削殺矢（さくさつし）の斉	30%	やじり
鑒燧（かんすい）の斉	50%	かがみ，ひうちがね

　鐘に含まれる錫の量は平均して九パーセントから一五パーセント位といわれるが、西洋の鐘はおおむね二〇パーセントを超えており、これは東洋では武器用途である。この錫の量がお寺の鐘と教会の鐘の音色に決定的な違いを生じさせ、教会の鐘はカンカンと高く響き、

ゴーンと音を引く低い音響がお寺の鐘である。また、錫の量が多いと融点が下がり、鋳造作業は容易になるものの、硬く脆くなるため、西洋の鐘は鳴らし過ぎると割れやすいが、東洋の鐘は粘り強く、少々乱暴に扱っても一向に割れることはない。

このような材質的特徴を持つ鐘であるが、その形状は上部が厚く、肩の辺りで薄くなり、また、下の方へ段々と厚さを増す構造になっている。この形、厚さの微妙な違いが音色に影響を与えるため、高度な鋳造技術が求められる作業で、鋳物師の秘伝とされる。

最近、奈良の東大寺を参拝した。もちろん、お目当ては大仏である。前述したように大きさはもちろん、技術上の問題、金属確保の問題、政治上の面からも非常に興味ある国家事業で、私は、大仏との感動的な対面を終え、国宝となっている梵鐘を見学した。重量二六トン、口径二・七メートルの威風堂々の梵鐘に感嘆しつつ、ある本の記憶が蘇り鐘内側を観察すると、傷のような肌合いの違う個所を発見した。これは流し込まれた高温の金属（湯《ゆ》）が冷却し収縮する際に、砂の弾力との関係で生じた技術上の問題であるが、鋳物師たちにはさぞや無念な結果であったに違いない。このように造形、合金の配合割合などが重要な要素で、また、錫の量の少ない青銅の融点はさほど低下しないので、溶解温度を得るには多大な苦労があったろう。

「大河《たいが》江河《こうが》に流れるか如く、飛焔《ひえん》空中に上がり、猛火泰山《たいざん》を焼くに似たり、その声雷電《らいでん》の如し、聞く者 悉《ことごと》く驚動《きょうどう》す」（『東大寺続要録』一一〇六年）、「夫昔日起手《それせきじつきしゅ》の初《はじめ》、大地を削りもって像を作《な》す洪炉《こうろ》を傾け、而《しこう》して鋳成す、金泥《きんでい》雨のごとく激し大仏の下《もと》」（『太政官諜《だじょうかんちょう》』八二七年)、また慶長十九(一六一四)年、方広寺(京都)の鐘を鋳込むのに蹈鞴《たたら》一三六基で一万七千貫(約六〇トン)の銅を溶かし、四本の桶から流し込んだ記録が『駿府記』にあるように、高温度での溶解作業は非常に困難を伴ったことが窺える。また、高温度ではガスなどが発生し、鐘内部に気孔が生じやすいことから、脱酸剤などの技術もすでに会得していたとも考えられる。

いずれにしろ、鋳物が大きくなるほど鋳造作業の困難さは増すため、梵鐘の製作には大規模な鋳造工場と高度な技術が必要である。ましてや、このような環境は一朝一夕にでき上がるものではない。青銅器の出現以来「青銅が丘」と呼ばれた福岡平野は、脈々と積み重ねながら築いた優れた鋳造技術を持ち、さらには、すでに鉄の鍛冶が行われていた。鉄生産が活発に行われていたとしても不思議はない。妙音を生み出す青銅製の梵鐘からも、多々良の地が鉄精錬の先進地であったという思いが強まるのである。

塩を焼く鉄釜

さて、観世音寺の梵鐘を訪ねて、高度な青銅鋳造技術と鉄生産との関連にますます意を強める結果となったが、梵鐘の他に意外な事実を知った。「磐井の乱」の後、筑紫君に替わり地位を得たのは磐井の同盟者であった火の国の豪族肥君《ひのきみ》であるが、なぜに筑紫君の強力な同盟者であった肥君が朝廷側につき、その地位を得たのであろう。

「筑前国嶋郡川辺里《しまぐんかわべのさと》戸籍」。大宝二(七〇二)年に作成されたこの戸籍は、現存する日本最古の戸籍として知られ、大化の改新後、八世紀の律令政治や当時の農民の生活状況を窺い知ることができる貴重な史料であるが、この中に十三町余の口分田《くぶんでん》を持ち、一二四名もの大家族を抱えた郡大領の肥君猪手《いて》が登場し、その家族構成が明らかにされている。「嶋郡」は現在の糸島郡志摩町だが、二十八戸四三八名分の戸籍が記され、一戸平均二十五名ほどの大家族である。また、当時は夫婦別姓のようで猪手の妻、庶母《しょぼ》、妾の姓は宅蘇吉志《たくそのきし》とあるが、この氏族名の由来を、我が国の製鉄に一大革新をもたらし、韓鍛冶として記録に残っている百済人卓素《たくそ》とする説が有力である。

　実は観世音寺の『観世音寺資財帳』に銅鉱脈発見の翌年、和銅二（七〇九）年に鉄製塩釜の所有が記されており、この鉄釜を猪手より数代後の郡大領五百麿《いおまろ》に貸したところ、催促してもなかなか返却してもらえず、百年ほど後、ぼろぼろの状態で返却されたという話が『平安遺文』（竹内理三編）に見られる。どうやら代々の肥君は観世音寺から製塩鉄釜を借りて大いに巨富を得ていたようだ。塩を焼く鉄釜は「正倉院文書」の『周防国正税帳《すおうのくにしょうぜいちょう》』（七三八年）に塩釜一口の記載の他、『長門国正税帳』（七三七年）にも見られ、宮城県の塩釜《しおがま》神社は鉄釜をご神体として祀り、今なお「藻塩《もしお》焼き」の神事が行われている。能登地方では貸し鍋制度が存在して、貸料が極めて高額であった記録も残る。返却までの百年は鉄鍋の貴重さを証明する歳月である。

志賀の海人を詠んだ万葉歌碑（志賀島）

朝なぎに玉藻《たまも》刈りつつ夕凪に藻塩焼きつつ　（『万葉集』）

藻塩草《もしおぐさ》はホンダワラで知られる海草で、『万葉集』では玉藻とも記される。藻塩焼きとは、刈り取った玉藻を天日で乾燥させて塩分を固着させ、それを集めて焼いた灰を器に入れて海水を足し、塩分濃度の高い上澄みを煮詰めて塩を採る方法である。

一般に釜は玉藻を焼くのではなく、海水の濃縮行程に使われたが、最終的には濃縮された海水を煮詰めなければならない。土釜、石釜などが使われたものの消耗も激しく、また燃料も膨大であった。

志賀の海人《あま》の塩やく煙風をいたみ立ちは昇らず山にたなびく　（『万葉集』）

志賀の海人は藻刈《めか》り塩焼きいとまなみ髪流《けつり》の小櫛《こぐし》取りも見なくに　（『万葉集』）

『万葉集』では、海岸で煙を上げながら塩を焼く風景や、海乙女《あまおとめ》をのどかに美しく詠んだ歌が多いが、実際には膨大な燃料と人力を消耗する重労働であった。福岡市東区塩浜は江戸時代に広大な塩田が開かれた有力な産地であったが、最近の海の中道遺跡調査で、焼かれて炭化したウズマキゴカイなどが検出され、玉藻を焼いた藻塩焼きの存在が明らかになったように、古代よりこの地で盛んに製塩が行われていた。

さて、鉄釜は塩釜神社、御釜《おかま》神社（宮城県）、金谷《かなや》神社（千葉県）などに現存しており、直径一・五メートルほどで重さは約一・五トンに及ぶ大きな釜であるが、このような鉄釜を鋳造する技術がこの時期の我が国に存在したのかは明らかでない。残念ながら観世音寺の塩釜は現存しておらず、製造場所も不明である。しかし、梵鐘が製作されたわずか十数年後に、観世音寺が大きな鉄釜を所有していた事実は、実に興味深い。この鉄釜を国産とするならば、妙音を生み出す流麗な梵鐘を製造するほど大規模な鋳造地であった多々良の地が、いかにも最有力と思われてならない。

天平の碾磑

観世音寺を訪れると、紫陽花や藤などの草花が鬱蒼と茂り、太宰府市の木である楠が幹を太らせ、大きく広げた枝は深い緑の影を落としている。広大な大宰府政庁跡が隣接しており、「大君の遠《とお》の朝廷《みかど》」の古代浪漫に耽りながら静寂な境内でときを過ごすのも楽しい。

さすがに菅公ゆかりの地である。本堂庭の左側に菅公に由縁のある「木槵樹《もくげんじゅ》」と名のつく五メートルほどの菩提樹が伸び、横に直径一メートルほどの大きな薄灰色の石臼が置かれている。重要美術品と記されているが、石臼の隙間には苔が生え、雑草が伸びるなど、いかにも無造作

日本最古の石臼と伝えられる天平の碾磑（観世音寺）

に感じられる。もっとも石は鉄とは違い、雨風に晒されても一向に錆びない。

「高麗《こま》の王、僧曇徴《どんちゅう》・法定《ほうじょう》を貢上《たてまつ》る。曇徴は五経《ごきょう》を知れり。且《また》能《よ》く彩色《しみのものいろ》及び紙墨《かみすみ》を作り、并《あわせ》て碾磑《みずうす》造る。蓋《けだ》し碾磑を造ること、是《こ》の時に始るか」

この石臼は、『日本書紀』推古天皇十八（六一〇）年春三月条に記されている「天平の碾磑《てんがい》」で、日本最古の石臼と考えられている。一般に石臼は小麦などの穀物粉砕に用いるイメージが強いが、これほどの大きな石臼は穀物用には不似合いで、これで何を挽いたのか興味を抱いてしまう。

「朱丹《しゅたん》を以てその体に塗る、中国で粉《ふん》を用うるが如きなり。（略）真珠青玉《しんしゅせいぎょく》を出す。その山には丹《たん》あり」（『魏志倭人伝』）

どうやら倭人は朱や丹を用いて体にペイントしていたようだ。犬鳴山周域に位置する竹原古墳や王塚《おうづか》古墳に代表される彩色あでやかな石室壁画に見られるように、古代人には欠かせない神秘的な色彩の赤色はこの地でも盛んに使われたようである。思うに赤色は命の源でもある血液の色で、人々はこの色を恐れながらも、一方では敬ったのであろう。

人骨に塗られた赤には死者を蘇生させる願望が込められたらしいが、不老長寿の思想を持つ中国では、小量の赤色顔料を飲む鍛錬法があった。また、我が国の国旗「日の丸」の赤は、死んで向こうに帰る色で、白は向こうからこちらへ生まれ変わるときの色との説もある。現代女性も赤色を口紅や頬紅に愛用しているが、どうやら赤への信仰が脈々と流れているらしい。

赤の信仰というと、赤で埋め尽くされた稲荷神社が思い浮かぶ。謡曲「小鍛冶《こかじ》」に京の刀鍛冶三条宗近《むねちか》が伏見《ふしみ》稲荷神社に祈願したところ、神が白狐の姿で現れ、一緒に刀を打ち見事に名刀「小狐丸《こぎつねまる》」を鍛え上げたという不思議な物語がある。この稲荷信仰は田の神、その使いとしての狐の信仰として一般に知られるが、一方、稲荷を鍛冶の守り神とする信仰が昔からあり、そして今なお、旧暦十一月八日に催される「ふいご祭り」は、稲荷神社の御火焚《おひたき》の祭日とも重なる。

さて、この朱丹の解釈には赤色のベンガラ（酸化第二鉄）、水銀朱（硫化水銀）の二説があり、我が国ではベンガラは縄文早期、水銀朱は少し遅れて縄文後期に現れるが、ベンガラ、水銀朱とも天然産で、山から採取して加工している。

この天然顔料の製造には臼で粉砕する工程が含まれることから、観世音寺の巨大な石臼は朱や丹などの鉱物の水挽きに使用されたと考えられており、また大宰府は平安時代に「朱砂千両」を朝廷に献上している。妙音の梵鐘を多々良の地で製作した観世音寺は、大きな鉄釜を所有して製塩に励みながら、一方で石臼を使い鉱物を扱っていたのである。

仏教と鉄

南蔵院の涅槃像

観世音寺は天智二（六六三）年、白村江の戦いで百済へ遠征途上、朝倉橘広庭宮《あさくらのたちばなのひろにわのみや》で倒れた斉明天皇の供養のため約八十年もの歳月をかけて建立されたお寺で、『源氏物語』にも登場しているが、誠に惜しいことに度重なる災害で創建当初の堂宇《どうう》や仏像を失っている。それでも、鐘楼右手の宝蔵には平安時代から鎌倉時代の馬頭観音像や十一面観音像、阿弥陀如来像など重要文化財の仏像が多数安置されており、荘厳なる雰囲気が漂う。

私は仏像鑑賞が好きである。祈る対象の仏像を好きと表現することは不謹慎とも思えるが、お寺をよく訪ねる。和辻哲郎氏は奈良の古寺を訪ねた折、仏像のあまりの美しさに感動して名著『古寺巡礼』（一九一七年）を、亀井勝一郎氏は失意のどん底にあるときに京都を訪ねて『大和古寺風物詩』（一九三七年）を記した。私はそのような感性には縁がないが、仏像と対峙するとなぜか厳粛な気持ちになる。内なる心に対峙して、自分自身の心が洗われるのがその理由かもしれない。

多々良川の源流地でもある三郡山《さんぐん》の連なる篠栗《ささぐり》の地は、篠栗新四国霊場として多くの遍路さんや観光客で賑わう。私もカメラやノートを片手にしばしば霊場を訪ねる。篠栗八十八カ所の第一霊場は南蔵院《なんぞういん》である。駐車場に辿り着くと四方を緑の山々に囲まれた静寂の中に、多々良川のせせらぎと澄んだ音の軽快なメロディが耳に飛び込んでくる。

城戸音橋と名のある橋は「メロディブリッジ」と呼ばれ、欄干に備えられたアルミ板を叩くと鉄琴の原理で音が出る仕組みである。アルミ板をステンレス鋼板の箱が包み込み、高低の綺麗な音色を響かせるのである。橋の両岸には「メダカの学校」と「ふるさと」の楽譜が用意されているが、時々、音が欠けるのは、親に抱かれた赤ちゃんの振る棒がアルミ板に当たらないためらしい。何とも愛らしい音楽鑑賞だ。このような金属の利用は、何となく疎遠なイメージ

上：多々良川に架かるメロディブリッジ（城戸音橋）
下：世界最大の青銅製仏像である南蔵院の涅槃像

の金属に、ほっと和む温かさを感じさせてくれる。

軽やかにメロディを口ずさみながら国道を横切り、竹林に囲まれた急勾配を登ると、山の中腹に巨大な涅槃像が現れた。平成七（一九九五）年五月に完成したこの像は原型彫刻山高龍雲とあり、全長四一メートル、高さ一一メートル、足のサイズ五・三メートル、重さ約三〇〇トンの堂々たる大きさである。青銅製仏像では世界最大を誇るこのような仏像は、どの地で製作されたのだろうと興味を抱いたが、富山県新湊《しんみなと》市で製作されていた。古代の梵鐘を製作した技術は、どうやらこの地にはもう残っていないようだ。

鉄の廃寺

南蔵院から川沿いに国道を博多方面に一キロほど下ると、道路左側に白壁に囲まれた幾分くすんで茶色がかったお寺が見えてくる。入り口には「知恩寺」とあるが、両側の鉄柱には「鐵閣」と記されたステンレス鋼板のプレートが掲げられている。鉄門は閉ざされ境内には入れないが、覗き見るとお寺の手すりはステンレス製、窓枠もアルミサッシでなく鉄サッシで、庭には石宝塔ではなく東照宮鉄灯籠を模したと思われる高さ四・五メートルほどの鉄灯籠が立っている。実は、このお寺は全鋼材で建てられた「鉄寺」として誕生したのであるが、残念ながら現在は廃寺で、茶色に見えたのは鉄錆の色であった。

この鉄寺を訪ねた私には様々な感慨がよぎった。六世紀前半の宣化天皇三（五三八）年に仏教は朝鮮半島を経て中国から我が国に伝わり、最初の寺院の法興寺（後の飛鳥寺）、次いで法隆寺が建立された。一方、中国大陸へ使節や留学僧が派遣され、仏教はもとより学問・文物を持ち帰り、多くの技術者を伴い帰国している。中国の法律・制度を手本に律令国家としての基礎も固まり、寺院建立と仏像彫刻は地方へと拡大し、全国の国分寺の総本山、奈良の東大寺建立が発令された。多くの困難を克服して、ついに天平勝宝四（七五二）年、大仏開眼により完成に至った。

第十六次遣唐使で派遣され、日本仏教二大開祖となった最澄、空海は博多の地より旅立った。天台宗を開祖した伝教大師最澄は立花山の入り口に独鈷寺《とつこじ》を建立し、真言宗を開祖した弘法大師空海は博多駅前に日本最初の真言寺の東長寺《とうちょうじ》を建立したと伝わり、東長寺の大仏殿には高さ一〇・八メートル、木造座像では日本一の「福岡大仏」が鎮座している。香椎宮近くには栄西が開いた最初の禅寺があり、戦乱で消えたものの、昭和四（一九二九）年、臨済宗妙心寺派報恩寺《ほうおんじ》が再びこの地に復興された。栄西は脊振山に中国伝来の茶の種を植えた茶祖としても知られるが、釈迦成道の霊木である菩提樹を香椎廟域に植えた。我が国の菩提樹は香椎の地から広まった。そして、仏教は多くの技術・技能を人々にもたらしたのである。

私は仏像の素材にも非常に興味を覚える。一般によく見る仏像は木造が多いように思えるが、日本最初の仏像は楠に刻まれた。仏師が刻んだ細部まで実に繊細な彫刻は表情豊かに私に対峙し、また巨大な青銅大仏の滑らかな表面と優雅な曲線は壮観である。路傍に佇む小さな石仏もまた、長い風雪のうちに石質の表面に泥や苔がまとわりついているものの、物いわぬ永遠の生命を宿している。

なぜか鎌倉時代には多くの鉄仏がつくられた。鎌倉の鎌は農耕具を、倉は倉庫を意味するように、有数の鉄産地ゆえに豊富な農耕具が倉庫を必要とするほどの豊かさを生み出し、その富を守るために多量の武器を要し、後にこの集団が武家社会を誕生させた。まさに武家社会の源は鉄にあり、武士が鉄に託した心情が鎌倉の地名に窺い知れる。

鉄仏は関東地方を中心に各地に残っており、砂目肌の鋳肌《いはだ》を長年にわたり晒しているものの形、表情は失われてはいない。素朴な鉄鋳肌の仏は、対峙する私に何を語りかけるのであろう。明日をも知れぬ命と、未来永劫を願う思いを鉄の武器に託した武士の心情か。

私には、幾度となく死闘を繰り返した武士が人の命の儚さ、切なさを戦の中に見てきたように思えてならない。いつかは錆びて朽ち果て、土中に帰る鉄の運命を悟っていた彼らは、慈愛を含んだ微笑みの中に自らの運命を重ねたに違いなく、滅びゆく儚さが滲む鉄仏に祈りを捧げた武士の心情はいかにも悲しく切ない。現代の鉄寺がどのような心情を託してこの地に建立されたかは知る由もない。しかし、雑草で荒れ果て、鉄柱にも赤錆が浮かび上がるその姿を見ると、人々の祈りを託す場所ゆえに、一段と侘びしく悲しい思いにかられてしまう。

なお、久しぶりにこの鉄寺を訪ねると、葬祭場として生まれ変わっていたものの、鋼材の建物と鉄閣寺の名は今も残っている。

焼き物と鉄

SLと石炭

嘉穂《かほ》郡筑穂《ちくほ》町の砥石《といし》山から湧き出る清らかな水を水源とする多々良川は、篠栗町、粕屋町と流れて博多湾に注ぐ全長一七・四キロの二級河川である。この多々良川水系の支流の一つに九州大学箱崎キャンパス前で宇美川に合流する流長一四・九キロの須恵《すえ》川があり、この川の上流地が須恵町である。福岡藩唯一の磁器御用窯であった由縁から名のついた皿山《さらやま》には、緑に覆われた歴史民俗資料館がある。心地良い風を頬に受けながら、いささか急な山道を登ると、眼下には古代人を育んだ肥沃な糟屋平野の全貌が次第に顕わになり爽快である。資料館に辿り着くと目前に大きな鉄の塊が現れた。C11257のプレートのついたSLである。この場所になぜSLだろうと不思議に感じたが、この地域は有力な産炭地で、SLが真っ黒な煙を吐きながら大量の石炭をこの地から運んだのである。

文明元（一四六九）年、三池郡稲荷《とうか》村（現大牟田市）で農民伝治左衛門の焚き火が傍らの黒い石に燃え移ったとあるのが県下最古の石炭の発見で、「焚石《たきいし》」、「燃石《もえいし》」とも呼ばれたように、

須恵町立皿山公園内に展示されているＳＬ

古今東西を問わず、石炭発見は同じような偶然の産物であった。「燃石、遠賀郡鞍手郡穂波郡宗像郡の中、所々山野にこれあり。村民是《これ》を掘り取りて薪に代用す。遠賀鞍手殊に多し。頃年糟屋郡の山にても掘る。烟が多く臭悪しいといえどもよく燃えて火久しくあり民間に便あり、薪なき里に多し。是れ造化自然の助也」（『筑前国続風土記』）とあり、また、『表糟屋郡明細帳』には、農繁期に男たちが博多に石炭売りに出かけたと記されているが、熱量は大きいものの激しく黒煙を上げて異臭を放つ燃料は、家庭用としてはいささか扱いにくいものであったろう。製塩用燃料にも用いられており、『筑前国続風土記附録』には姪浜産の塩を好品とし、津屋崎産の塩の品質はあまり芳しくないとあるが、石炭使用にその因が求められてもいる。

この熱量豊富な石炭を製鉄に用いる発想は残念ながら当時の我が国にはなく、洋式製鉄法が導入される幕末まで待たねばならず、石炭は専ら薪の代用としての消極的な利用が中心であった。洋式製鉄法を導入するまでの燃料は豊富な木炭で賄えたが、洋式製鉄法の本格的操業など近代化の過程で、「燃石」と呼ばれた石はいつしか「黒ダイヤ」と呼称が変わった。貴重な化石燃料は近代日本の礎となり、筑豊、三池などの産炭地が大いに活況を呈する。

そして、須恵町もまた、有力な産地であった。陸蒸気と呼ばれた鉄の塊が真っ黒い煙を恐ろしげに吐く姿は、今思えば日本の歩みを象徴する姿であったが、昭和二十三（一九四八）年のC62を最後に生産中止に追い込まれ、ついに昭和五十一年には電車に取って代わられた。

現在は、SLやまぐち号（山口線）などが結構な賑わいと聞くが、真っ赤に滾《たぎ》った鉄ボイラーが生み出したとは思えない汽笛音に心を揺さぶられる人もきっと多いに違いない。

駐車場奥の林に目を向けると、樹木に囲まれて弥生時代の住居が建てられている。古代より生活が営まれた地のようだが、弥生住居とSLの間にはおおよそ二千年という歳月がある。この間、いかなる歴史がこの地に刻まれたであろう。資料館には石器・土器などと一緒に、江戸期から昭和にかけての生活用具や農具など、郷愁を感じさせる展示品が数多く並んでいる。また、須恵器（古墳時代、六世紀中ごろ）を焼いた登り窯が出土したことからその模型があり、陳列棚にはたくさんの須恵器が展示されている。「案ずるに上古陶器を作りし地なるゆえ、村の名も〝すえ〟（陶）と云にや」（『筑前国続風土記』）とあるように、地名は須恵器に由来し、たたら同様、須恵の地名もまた全国各地に所在している。

須恵器の登場

人間を〝homo faber〟（道具を使う人類）と定義したのはアメリカの有名な科学者、ジャーナリストであったベンジャミン・フランクリンである。歴史学では人類が主に使った道具の材料で石器時代、青銅器時代と区分しているが、現在は依然として青銅器時代から続く長い鉄器時代で、私たちは鉄の恩恵をふんだんに享受しており、人間は「鉄を使う人類」ともいえよう。そして、homo faberとしての人類が化学変化を応用した最初の発明は土器の発明にあり、世界最古の土器は長崎県の泉福寺《せんぷくじ》の洞窟で発見された縄文土器である。おそらく、縄文人は粘土質の土地で火を使い、粘土が硬化したのを知って土器を発明したのであろう。縄文人によってなされたこの発明により食物を煮るなどの生活様式の大変革が始まり、いうなれば土器製作技術の発明は原始社会における文化の曙となった。

今日、人類は空を征服し、ついには宇宙へと旅する時代を迎えた。大気圏へ凄まじい速度で突入するロケットは、その際に生じる空気摩擦で船体表面は一五〇〇度もの高温に上昇するが、この鉄をも溶かす高温から船体を保護するのが船体に張りつけられたセラミックタイルである。セラミックとは土器、陶磁器、耐火煉瓦などの焼き物の総称であるが、耐熱性と同時に硬さも併せ持つ先端材料として各方面に使われる。人類最初の発明は、およそ一万二千年もの時間を経て、ついに人類を宇宙へ運ぶ社会に発展させたのである。

陶器を飾る模様の違いで縄文時代、弥生時代と時代区分が焼き物の名称で行われているように、土器の登場は我が国の歴史形成上、重要な意味を持つ。

地名となった須恵器とはどのような焼き物で、当時の社会にいかなる影響を与えたのだろう。

須恵町立歴史民俗資料館に展示されている須恵器

一般に、須恵器とは「古墳時代から平安時代にかけて使用された、ねずみ色に焼けた硬質の土器」とされる。須恵器以前の縄文・弥生式土器や古墳時代の土師器《はじき》は、同一系統の窯を用いて酸化炎焼成された、素焼きの褐色系の色をした土器である。

この素朴な素焼きの土器の後、五世紀に登場したのが全く新しい先端的な技術を伴った須恵器である。登り窯と耐水粘土、ロクロ、還元炎焼成という現代に繋がる革新的な方法で、従来の軟質土器しか知らなかった我が国の土器は、ここで初めて本格的な陶器として確立された。まさに我が国の窯業技術に新しい発展の転機をもたらした、最初でかつ最大の出来事といえよう。

この四つの先端技術のうち、ロクロ以外の三つは鉄精錬と密接に関連した技術である。従来の土師器は八〇〇度前後の温度で焼かれるが、須恵器の製造には一二〇〇度前後の高温が必要である。鉄精錬には高温が要求されるが、高い温度を得るということは極めて重要な意味を持つ。木炭窯は須恵器の窯と構造的に似ており、須恵器の登場で大量の木炭製造が可能となった。また、高温に耐える粘土は精錬炉にも必要であった。須恵器は大抵の場合、土師器の酸化炎焼成とは違い、還元炎焼成される。これは高温中で酸素供給を少なくし、一酸化炭素、水素などを多く発生させて粘土中の酸化第二鉄を酸化第一鉄に化学変化させる方法である。この化学的メカニズムは鉄精錬と全く同じである。

福岡県筑前町の小隈《こくま》など、須恵器は日本各地で五世紀前半から登場するが、この須恵の名称は戦後に定着したもので、それ以前は朝鮮土器、祝部《いわいべ》土器、行基《ぎょうき》焼きなど様々に呼ばれていた。『日本書紀』の雄略七年八月条に、「新漢陶部高貴《いまきのあやのすゑつくりかうくゐ》、鞍部堅貴《くらつくりけんくゐ》、画部因斯羅我《ゑかきいんしらが》、錦部定《にしごりぢやう》安那錦《あんなこむ》、訳語卯安那等《をさめうあんなら》が百済から渡来」とあるように、我が国で自然発祥的に生まれた技術ではなく、多くの渡来人によって導入された技術であった。さらには須恵器を持ち込んだ彼の地は、焼き物だけでなく優れた鉄精錬技術を持つ憧憬の地であった。この須恵器導入の時期にU字型鍬や鋤、刃先が湾曲した曲がり鎌、大型鋸などの革新的な新しい鉄製道具が見られるのは注目すべきことで、焼き物と同時に鉄の先進技術が渡ってきたと考えられる。現在確認されている日本最古の鉄精錬炉跡は、これより一世紀以上後のものである。すでに述べたように、私は鉄の精錬開始を定説より早い時期に想定している。その理由の一つが須恵器の登場であり、多々良川上流にその名が存在しているのである。

名眼科医の存在

「須恵」の地名と古代鉄との関連を求めて須恵町の歴史民俗資料館を訪ねたが、須恵器の他に意外な展示が私の目を引いた。江戸時代、田原養全《たはらようせん》、高場《たかば》正節《しょうせつ》などの眼科医がこの地に開業し、西日本一帯や遠くは北海道からも多くの人々が訪れ、全国にその例を見ない一大眼療宿場として賑わいを見せ、また、須恵目薬「正明膏《しょうめいこう》」の製造が昭和二十年代後半まで続いたというのである。この町は現在も宿場としての風情を随所に残し、散策するのも楽しい町並みであるが、なぜ全国各地から訪れるほどの名眼科医がこの地に開業していたのであろう。

　どっこのたいがいの村下でも、六〇ぐらになると目の見えぬものが多いですた。火に左の目をとられると、右で、右をとられると左で見るのがあたりまえですた。真ん中に炎があがあますが、あれが少し青味がついてあがあますが、それがじげんじげんに青から赤になると、白じゃあなくて、少し黄色い星があがあますじぶんには、少し砂鉄のか（量）がたらなかろうと、黒い星がでたじぶんには、少しかがすぎたと……

　絶滅寸前のたたらの技術を記録した『和鋼風土記』（山内登貴夫、角川選書）の中での堀江村下《むらげ》の言葉である。村下とはいうなれば鉄づくりの総責任者、工場長であるが、堀江村下は幼少時より親の厳

目薬「正明膏」（複製）。練り薬を絹布で包み，はまぐりの殻に入れたもの（須恵町立歴史民俗資料館蔵）

しい訓練のもとで育てられた。彼らは火を判断する基本を太陽の色の変化に求めている。陽が昇り沈むまでの太陽の変化を三日三晩の鉄づくりに小さな穴から見続け、砂鉄投入時に砂鉄が燃えるときの火花を星と表現し、木炭や砂鉄、風の量を巧みに調節してきた。まさに村下の勘と経験が鉄の品質を大きく左右したのである。村下は燃え滾《たぎ》る炎のわずかな色の違いを見分けながら指示を与える厳しい作業を年中続けた。目を痛めるのは至極当たり前で職業病といえるが、六十歳位になると十人の村下のうち、七、八人は目が不自由になるほどの過酷な労働であった。

このように鉄づくりは、目を取られる炎との壮絶な戦いであるがゆえに、片目の伝説が日本各地に誕生している。水木しげる氏の劇画『ゲゲゲの鬼太郎』の父上の愛らしい一つ目の妖怪は私たちには懐かしいが、柳田国男氏は日本各地に残る一つ目伝承について、「神の名代として奉仕するべく祭主を殺す風習が、後には生け贄として一眼一脚にし、一般人と区別するやり方に変わり、それが目一つの伝承となった」(『一目小僧その他』)と述べている。しかし、私には長い過酷な労働で鉄を生み出した村下の存在が強く重なってしまうのである。

それにしても、鉄づくりは激しく燃え滾る火との壮絶な戦いの繰り返しであった。たたら炉の火所《ほど》穴と呼ばれる小さな穴から溶鉄の状態を長年見続けて、ついに片目となった技術者たち。このように目を犠牲にしながら貴重な鉄を生み出した人々を、自分たちとは違う存在として神格化したのが天目一箇神《あまのまひとつのかみ》という一つ目の神である。「天目一箇神は筑紫、伊勢両国《ふたくに》の忌部《いみべ》の祖なり」、「天目一箇神をして雑《くさぐさ》の刀《たち》・斧《をの》、及び鉄鐸《さなぎ》をつくらしむ」（『古語拾遺』）、「天目一箇神を作金者とす」（『日本書紀』）と記されている。
ちなみにこの神は伊勢国桑名《くわな》郡（現三重県桑名市）多度《たど》神社に祀られ、この地から出た刀工が名工村正《むらまさ》である。谷川健一氏は著書『青銅の神の足跡』（小学館ライブラリー）で、次のように記している。

金属技術者たちが神と呼ばれて尊ばれていた時代の古い神々は追放され、山野を彷徨《ほうこう》し漂白することになった。天目一箇神もそうした神々の一つであった。そのなれの果てが柳田国男の言うように一つ目小僧のお化けである。（略）古代天皇制以前の社会で神としてあがめられた人びとが天皇制が確立した以後の社会では一つ目小僧とあざけられ、一本たたらとおそれられて、国家社会に組み入れられた神々の体制から逐《お》われ、山野を放浪しなければならなかった。本書はそのことへの私なりの挽歌《ばんか》でもある。

名眼科医の存在には、目を犠牲にしながらも鉄を生み出す神の技術を持った技術者の存在がその背景にあると思えてならない。

黒田家と博多商人

黒田家伝来の目薬

ここで黒田家に触れたい。関ケ原の戦いの後、この地を治めていた小早川秀秋《ひであき》は備前岡山に移り、代わって豊前中津からやってきたのは黒田如水《じょすい》（官兵衛、孝高《よしたか》）、長政《ながまさ》親子であった。名島城が手狭であったことから那珂郡警固《けご》村福崎《ふくざき》（現福岡市中央区）に七年の歳月をかけて福岡城を築き、武士の町が誕生した。これより黒田家が藩主として筑前五十二万石の領地を長く治めるが、黒田家はもともとは近江国琵琶湖の北、余呉《よご》湖に近い伊香《いか》郡黒田郷（現滋賀県伊香郡木之本町）が発生地で、その後、備前福岡、播磨御着《ごちゃく》、姫路、豊前中津を経て筑前福岡へと落ち着いている。如水の祖父、重隆《しげたか》の代には播磨の姫路付近に移り住み、「玲珠膏《れいしゅこう》」と名のついた蛤の殻を容器とした家伝の目薬を販売した。よほど効用があったのであろう。大儲けした財で土地を買い、人を雇い豪族となり、ついには武将へと駈け登った。

この目薬から家を興した由緒より「目薬大名」とも揶揄されている。もっともこのような揶揄は、小西行長は薬問屋の息子であった由縁から「薬屋」、加藤清正は父が鍛冶屋ゆえに「鍛治屋」、福島政則は桶屋で「桶屋」と呼ばれたように特段珍しくはない。『黒田家譜』には、目薬の由縁は書かれていないものの、その出目は代々の殿様の意識にあったようで、朝鮮人参を栽培するなど、とりわけ薬草栽培には熱心だった。黒田家発祥地の琵琶湖周辺には、東部に徳川政権の一大武器供給地となった国友村《くにとも》があった。古くは壬申の乱の際に近江朝の武器供給地でもあったように鉄との関連深い地で、家伝の目薬は、鉄づくりで目を痛める人が多かったために生まれたものであろう。

さて、「福岡」はもともとの地名ではなく、福岡城築城の際、如水が関ケ原の役の恩賞で備前に返り咲きを願ったものの叶わなかったために福岡の名を冠したと伝わる。武勇名高い如水については司馬遼太郎氏が『播磨灘物語』（講談社文庫）で波乱に満ちた生涯を記しているが、織田信長、豊臣秀吉、徳川家康という天下人に仕えた誠に希有な武将で、常に天下を窺う野心に燃え、秀吉も「げに恐ろしき者は如水なり」と評したなど、逸話に事欠かない魅力ある郷土の殿様である。

福岡城と如水

真がねふく吉備の中山をおびにせる細谷川のおとのさやけさ　（『古今和歌集』）

古代の一大製鉄地の吉備の山々を水源地とし、瀬戸内海に流れる吉井川の河口にもともとの福岡村は所在するが、この地は名工を多く輩出し、「福岡一文字《いちもんじ》」の通称でよく知られる。この土地で鍛えた刀は倭冠貿易を通じて遠く中国まで聞こえているように、隣の有名な長船村《おさふね》と同様、中世最大の刀鍛冶集落であった。天正十九（一五九一）年の西大寺川《さいだいじ》（現吉井川）の大洪水では鍛冶数千人の溺死記録が残る。福岡・長船両村がいかに大きな刀の製造地であったか、この数の多さが物語る。また、福岡の「ふく」は古語では「鉄を吹く、銅を吹く、ふいごを吹く」を意味し、福岡の地名は吹き上がる丘陵地帯の風で鉄づくりを行ったことからつけられたとも思えるが、名島から移城した地は、玄界灘の強風が吹きすさぶ福崎で、もともとの地名に「ふく」がついていたというのも興味深い。

そもそも移築の場所はどのような観点から選定されたのであろう。『筑前国続風土記』や『黒田家譜』によれば、「三方海に囲まれた名島城は戦国時には相応しいが、これからの時代、政治的、経済的に家臣団を配し、商工業者も居住できて交通の便が良い所」とし、住吉、箱崎、荒津山が候補地となるものの、かつて鴻臚館《こうろかん》、警固所《けごしょ》が所在した福崎の地に落ち着いた。すでに、鉄や武器の流通基盤は整っており、生産地にとらわれることなく近代的な経済思想から国づくりに臨むが、自分たちを育んだ鉄への思いにはいささかも変わりはなかったに違いない。

鉄の故郷を意識しながら築城された福岡城。鳥瞰すると空を舞う鶴のように見えることから舞鶴城《まいづる》とも呼ばれ、春には梅や桜が艶やかな色に染め上げ、冬には木枯らしの中、鴨が壕にのんびりと浮かぶ。隣接の平和台球場は多くの思い出と一緒に福岡ドーム（現ヤフードーム）へと移転し、跡地は、いにしえの国際交流の場の鴻臚館跡として再び脚光を浴びている。隣接する大壕公園や西公園とともに、緑豊かな街中のオアシスとして多くの市民に親しまれている。

さて、お城見物のハイライトは堂々と聳える天守閣といえる。慶長六（一六〇一）年から七年がかりで築城されたこの城は、天守閣のないお城として有名である。もっとも幕府に遠慮して天守閣を壊したとの説も棄てがたいが、いずれにしろ天下を窺う如水の思惑が知れる。名島城は狭さゆえに移城したが、福岡城は十余りの城門に祈念櫓、月見櫓、潮見櫓など四十七の櫓を備えたお城で、東西約一〇〇〇メートル、南北約七〇〇メートルの城跡は、散策するには少々草臥《くたび》れるほどに広い。築城当時の位置にあるのは多聞《たもん》櫓だけで重要文化財となっているが、日本一多いといわれた櫓の一つについて興味深い由縁が『新版　福岡を歩く』（石井忠他、葦書房）に記されている。要約して紹介しよう。

「お城ではその性格上、天守台が最上段に位置するが、そこに至るまでは三の丸、二の丸、本丸と石垣に挟まれた狭い階段を上がるようになっている。最上段に位置する天守台に至るには、その少し手前の鉄の門を通らなければならないが、その鉄《くろがね》御門の上には切腹櫓が位置し

天守台入口の鉄御門（福岡城）

ていた。敵に本丸まで攻められて逃げ場のないときに、立ちはだかる鉄御門が敵の進入を防いでいる間に切腹するための櫓である。何より自害場所は神聖な場所で、敵方に踏み込まれるのは何としても避けなければならない。鉄御門の内側には家老クラスの侍しか入れず、鉄御門の噂をするだけで死刑との不文律があったという」

どうやらここでの鉄は、人をも寄せつけない冷酷なものとして存在したようだ。幅二メートルほどの、今にも妖気が漂ってきそうなその鉄御門をくぐり天守台跡に辿り着くと、眼下には、福岡タワーやヤフードームなど近代的な建造物が並び、強風が木の枝を揺らしている。この地に立った如水、頰を打つ玄界灘の強風に遠く離れた鉄の故郷が去来したことであろう。

神屋家と石見銀山

いにしえより海外との交流拠点地の役目を果たし、中世には堺と並ぶ有数の貿易港として海外にまで知られた博多の地では、黒田如水・長政親子が福岡藩主としてこの地を治めたとき、神屋宗湛《かみやそうたん》、嶋井宗室《しまいそうしつ》、大賀宗九《おおがそうく》の博多の三傑と呼ばれる豪商が活躍していた。ここでは、その中の神屋家に注目したい。

神屋家の初代永富は大陸貿易で財をなすが、神屋家二代目当主の主計《かずえ》、三代目当主寿禎《じゅてい》は大内氏のもとで勘合貿易を行っていた。当時、商人たちは莫大な利益が得られる鉱山業を兼営する場合が多く、美作《みまさく》、備中、備後、但馬などの銅生産地と密接な関係があった。地下資源を大量に輸入している今日からは不思議な感もあるが、火山国の我が国は「鉱物の標本国」といわれるほど鉱物が揃っており、使用量がそれほど膨大でなければ、充分国内で賄えた。特に江戸期の元禄十（一六九七）年には、世界第一の銅産出国となり、輸出も行っていた。また、明治以降も世界の産銅統計のベストテンに必ず入るほどで、有数の産銅国として広くヨーロッパまで知られた。中国の技術書『天工開物《てんこうかいぶつ》』（宋応星《そうおうせい》、一六三七年）によると、日本の銅には銀母《ぼ》岩《がん》に包まれているものがあり、精錬の際は銀が表面に集まり、銅は下に沈むとあるように、非常に粗末なものであった。反対に考えれば、日本の銅が喜ばれた理由はここにあるのかもしれない。

「はるか南山を望むに嚇然なる光り有り」（『石見銀山旧記』）

大内氏と神屋一族は出雲の鷺銅《さぎどう》山に銅を求めていたが、神屋寿禎が船上から光る山を発見し、鷺銅山の銅山師三嶋清右衛門に相談して銀峰山で銀鉱石を掘り出したことが『石見銀山旧記』に記されている。佐渡銀山の発見時も同様に、山が光ったとあり、実際に山が光っていたのであろう。ときに大永六（一五二六）年、後にポルトガル人ドラードの「ゴア世界地図」にも登場する石見銀山の始まりである。

とはいえ、当初は鉱石の精錬は博多や朝鮮で行われていたため、輸送コスト面から低級な鉱石は運ばれず高品位の鉱石だけを運んでいる。さすがに七年後には現地で精錬を始めるが、注目すべきことに「灰吹き法《はいふ》」と呼ばれる新しい銀精錬法を導入している。灰吹き法とは鉱石から銀を取り出す工程で、鉛を用いて鉛と銀の合金（貴鉛《きえん》という）にし、貴鉛から銀と鉛に分離する方法である。溶けて酸化した鉛は灰に染み込みやすく、溶けた銀は染み込まずにそのまま炉の上に残る原理を活用したのである。これが中国系の技術か朝鮮系の技術かは不明のようだが、この精錬法導入で純度の低い鉱石から銀を生産できるようになって生産性が大幅に向上した。

「寿禎が家大に富み、従類広く栄えけり。銀山へも又諸国より人多く集りて、花の都の如くなり」（『石見銀山旧記』）

まさに大儲けをした。天文二（一五三三）年、大内氏に納められた銀百枚は、その六年後には五百枚と五倍に増加している。神屋宗湛はこの寿禎の孫に当たり、父は紹策《しょうさく》である。逸話としてよく紹介されるように、頭を丸めた三十四歳の神屋宗湛が大坂城にて初めて秀吉に謁見したとき、「筑紫の坊主どれぞ」、「筑紫の坊主に飯を食わせよ」と格段の待遇を受けたのは、朝鮮出兵を控えた秀吉にとって、世界地図に掲載されたほどの鉱山、石見銀山の財力がいかにも魅力的であったからに他ならない。

その後、灰吹き法は生野（兵庫県）や佐渡（新潟県）など各地に伝播し、日本はかつてないシルバーラッシュを迎えるが、各地の銀山では江戸時代を通じて灰吹き法で銀精錬が行われた。灰吹き法を導入した寿禎の功績は誠に甚大であった。ジェノバの商人マルコ・ポーロのジパングの黄金伝説はいよいよ現実となり、安価な銀を求めた中国やポルトガルの船が日本の沿岸に現れるようになり、天文十二年の鉄砲伝来や天文十八年のキリスト教伝来へと繋がる。

小左衛門の密貿易

ポルトガル船の種子島到来をきっかけに日蘭・日葡の交易が開け、徳川鎖国までのわずか百年足らずの短い期間であるが、ヨーロッパの技術に直に触れ、我が国は多くの刺激を得たことになる。慶長十六（一六一一）年、蘭商館長ジャックス・スペックが徳川家康に二百個、徳川秀忠と本田正純《まさずみ》に百個ずつ瓢箪《ひょうたん》形の鉄素材を様々な品物と一緒に贈ったことがオランダ人フェルフーヘンの航海記に記されている。また、イギリス商館長コックスの元和七（一六二一）年の日記には、平戸のイギリス人とオランダ人が幕府の派遣した使節を訪問したときの土産に、同様のものが二束（二百個）含まれていたとある。鉄は依然として金、銀に劣らない貴重品であった。

『日本一鑑《いちかんみ》』（鄭舜功《ていしゅんこう》、十六世紀）に、日本産の鉄は脆く、大砲鋳造用の鉄をシャム（現在のタイ）や福建方面から輸入したと記されていることから、実際には家康に献上される前より多量の南蛮鉄が日本に流入していたと思われる。贈答品として扱われた南蛮鉄は、その形より「ひょうたん鉄」とも呼ばれるが、この素材の評価は様々であった。また、武士の魂である刀の材料に南蛮鉄を使うには心理的な抵抗感も生じたようで、「蛮鉄を加え金気《かなけ》を穢《けが》したる刀剣何ぞ神霊有らんや」（松村昌直『刀剣或問』一七九七年）と散々に貶《けな》されもするが、徳川家の葵《あおい》紋と家康の「康」の一字を銘に切ることを許された刀工、肥後大掾康継《だいじようやすつぐ》のように南蛮鉄で有名になった刀鍛冶もいる。

彼が南蛮鉄で打ち上げた刀は、従来の和鉄使用の刀とは異なり、地鉄が黒ずむなどの特徴が見られるが、それにしても南蛮鉄はそんなに特色のある鉄塊とはいえず、名だたるウーツ鋼と同じ素材とは思われない。おそらく素材の優秀さは別にしても、外国産の珍しい鉄ということで将軍や大名に珍重されたのであろう。溶解しやすい南蛮鉄の特質から刀剣以外にも幅広く活用されたようだが、寛永十（一六三三）年の鎖国令発令で、南蛮鉄の流入は途切れてしまう。

『籌海図編《ちゆうかいずへん》』（鄭若曽《ていじやくそう》編、一五六二年）には倭寇の出身地として薩摩、肥後、長門、大隅、筑後、筑前、日向、摂津、紀南、和泉など、畿内から西日本一帯が記されているように、盛んに貿易が行われていた。鎖国令発令後も豪放磊落の海の男たちが大人しくその令に従うはずもなく、依然として対馬海域では盛んに密貿易が続いたのである。その中で、告げ口をきっかけに博多商人伊藤小左衛門の大胆不敵ともいえる大掛かりな朝鮮への武器密貿易事件がついに発覚する。

この伊藤家は鞍手郡木屋瀬《こやのせ》ないし糟屋郡青柳《あおやぎ》の出身といわれ、博多に移住して後に伊藤小判を発行するほどの豪商となる。伊藤家の経営は投銀《なげがね》が中心であった。投銀は貿易船に資金を貸し、多額の利子を取る方法であるが、必ずしも無事帰国できるわけではなく、多分に投機的な側面があった。とはいえ、大儲けしたのであろう。五十人の手代・番頭を率い、船十艘を持つなど、莫大な資産を築いた。密貿易が発覚した小左衛門は伊藤家の二代目に当たるが、すでに鎖国令が敷かれており、貿易国はオランダと中国に限られたことから取引縮小を余儀なくされ、鉄を中心とする各藩の物産取引に活路を求めている。

小左衛門の２人の息子を祀る万四郎神社（福岡市博多区）

「鉄の売れ行きは上々のゆえ、油断なく売ってくだされ。出雲の侍衆二人がこられ、これまで大坂へ積み出していた出雲鉄を来春よりそれがしに売買を任せるといわれた。出雲の物産は何でも手に入りそうだ」

「出雲へは伊万里焼きを売るつもり。肥前へ鉄を売りたいと思うが問屋は誰がよいだろうか。また、販売のために手代がもう二人ほど必要です。よい人物を探して下され。ところで金をしぼる技術者がいたら教えて下さる由、よろしく頼みます」

博多商人西村九右衛門に宛てた小左衛門の書状だが、現在残っている書状には鉄の記載が多く、小左衛門にとっては鉄は最も重要な取引品目であった。

好事魔多し。寛文七（一六六七）年、ついに密貿易は発覚し、小左衛門を中心とする大規模な密輸組織が摘発されてしまった。『通航一覧』（一八五三年）には朝鮮へ運んだ物品として鳥銃・硫黄・鎧・槍・長刀・脇差し・鉄砲薬並びに金とある。もとより密輸の性格上、記載のない品々が多かったであろうが、主力は武器に違いなく、手に入れた鉄は武器に姿を変え海を渡ったであろう。鎖国令で途切れたはずの南蛮鉄であったが、その後、数十年間も南蛮鉄を利用した刀剣などが打たれていたことから、密貿易による流入は依然として続いていたと考えられる。

この密輸事件の結末は残酷を極めた。小左衛門始め妻子、番頭、一族・縁者はことごとく磔《たっ》刑《けい》または斬首刑、小左衛門の三男小四郎と四男万之助の幼子まで斬首刑とされた。ときに三歳と五歳の幼さである。二人の名より命名された万四郎神社（福岡市博多区下呉服町・浜口公園前）は、ビルの片隅に埋もれるように、いかにも悲しげな佇まいである。

戦いと武器

倭の大乱

戦いは人類の歴史とともに始まった。悲しいかな人類の歴史は戦いの歴史でもある。戦いは武器を要し、より優れた武器は誰もが欲しがり、手中にした者こそが支配者となり得た。そして、最終的に勝利した素材は鉄であったといえよう。

我が国に人が住むのは約六千年前の前期旧石器時代からで、戦いの開始については弥生とも縄文ともいわれている。要は戦いの定義の問題であるが、イギリスの考古学者チャイルドは「食料採集民はほとんど戦わず、新石器時代の農民は確かに戦った」と述べている。どうやら戦いは農耕社会の芽生えとともに始まったようだ。多々良川にも激戦地として多くの屍を晒した悲しい歴史が秘められているであろう。強力な武器素材となった鉄に思いを馳せているとき、「倭国乱る」の催し物が福岡市博物館にて開催されることを知った。

「その国、本また男子を以て王となし、住《とど》まること七、八十年、倭国乱れ、相攻伐《あいこうばつ》すること歴年、乃ち共に一女子を立てて王となす。名づけて卑弥呼《ひみこ》という」と『魏志倭人伝』に記され、卑弥呼が登場するきっかけとなった「倭の大乱」をテーマにした興味ある内容であった。ここでは「集団が武力的にぶつかって大勢を殺す」のを戦いと捉え、①壕・防壁などの守、②武器、③傷ついた遺体、④武器を添えた墓、⑤武器の形の祭具、⑥戦いを表した造形品の六分野から検証する展示であった。

『魏志倭人伝』には、「兵には矛《ほこ》・楯《たて》・木弓《もくきゅう》を用う。木弓は下を短く上を長くし、竹箭《ちくせん》はあるいは鉄鏃《てつぞく》、あるいは骨鏃《こつぞく》なり」と、すでに石や骨の自然の武器だけでなく鉄の使用が記されているが、おそらく鉄器に関する記載としては最も古いものである。

金属器がいまだ姿を現していない時期は、硬さに優れた身近にある自然の武器を手に戦い、ついに青銅製武器が現れ、さらには強力な鉄製武器が登場した。鉄を豊富に手中にすると他の材料を駆逐し、鉄製武器に移行したことは歴史が証明しており、事実、武器主流であった青銅は祭器の性格を強めていき、石器は弥生期にはほぼ消滅する。

このころの我が国ではいまだ鉄精錬は始まっていないとされ、壱岐・原の辻遺跡で見た鉄鋌《てってい》が戦いの武器や稲作用の農具、工具に姿を変えたのであろう。

頭を割られた人骨、剣が埋まったままの骨、中には首を奪われた骨もある。このような凄惨さを伝える生々しい激戦の跡を見ると、勝利の栄冠を勝ち取るために、遠い楽浪郡へと命を賭して渡り、鉄を求めた倭人の行動が容易に理解できる。

戦いの始まり

福岡県教育委員会の橋口達也氏が、展覧会に際して「九州の戦いの始まり」という論文を記している。要約して紹介する。

「弥生文化成立当初においては玄界灘沿岸の唐津市菜畑《なばたけ》遺跡、福岡県二丈《にじょう》町曲《まが》り田《た》遺跡、板付遺跡などにおいては村を守ろうとする環壕は確認されていないが、福岡市那珂遺跡、粕屋町江辻《えつじ》遺跡において弥生早期に属する二重の環壕が掘られており、江辻遺跡においては環壕内の住居跡も韓国松菊里《ソングンニ》遺跡などの住居跡と類似した松菊里型住居跡であった。本格的な稲作耕作の定着によって生産力が発展、人口の増加などにより新たな土地開発をめぐり衝突・抗争が生じ、防御のため、環壕をめぐらした。時期は前四世紀末、弥生早期末で、戦いの犠牲者の出現とも一致する」

江辻遺跡の報告書には、村の集会や会議の場と見なされる一棟の大型の平屋建物と、収穫米などを貯蔵する六棟の高床倉庫、それらを囲む竪穴住居跡があり、その周囲には外部と遮断するように環壕が掘られているが、我が国の農村はこのような集落構造で始まった。いわば我が国の農村のルーツの姿である。

さて、米づくりには水が欠かせない。灌漑作業もなされて生産量を増した米が貯蔵される農耕社会へと移行し、ついには水や米を巡る争いが生じた。戦いの歴史の幕開けで、富める者と貧しい者の階級社会の芽生えでもある。やがて村は高台へと移り、周辺は柵や壕で囲まれて、さらには強力な鉄が武器となり、威力を発揮するのである。戦いの犠牲者は玄界灘沿岸の地域に集中して見られるが、文中では前四世紀末、弥生早期に属する二重の環壕はこの地に掘られたとある。先に触れたように那珂遺跡と同様名島古墳は福岡平野で最も古い古墳である。

多々良川周辺は肥沃な土地であり、ゆえにいち早く戦いが勃発し、防御のための環壕がつくられた。また、住居跡は韓国松菊里遺跡などと類似した形態とある。鉄は転生のきく金属で、農具として生産に寄与しながら強力な武器ともなり、そして、我が国では稲と鉄は不可分に結びついており、鉄は稲とともに朝鮮から我が国に伝わった。この地の戦いには古代鉄の臭いが一層強く感じられる。

多々良浜合戦

悠久の流れに悲しい歴史を秘める多々良川。清らかな流れはその歴史を語ろうとはしないが、度々、戦乱の歴史の中で登場する。この地の名前で呼ばれる、よく知られる戦いがある。建武三（延元元、一三三六）年、九州に逃れた足利尊氏の幕府創設へのターニングポイントとなった多々良浜合戦である。当時の資料には箱崎合戦とも記されているが、この戦いの様子は『太平記』や『梅松論』に詳しい。両書に従い、戦いの概略を記す。

「時は三月二日、多々良川北岸の山地、陣《じん》の腰《こし》に陣を張った尊氏、西の平地に陣を張った菊池勢を見下ろしていかなる心境であったろう。菊池勢四、五万騎、対する足利勢は圧倒的劣勢の三百騎である。春嵐でも吹き荒れたのであろう。多々良浜の砂地、海水をまき上げ、視界開けず、『磯打つ波の音をも敵の鯨波《とき》の声に聞きなし』、『二、三万騎に見なし』と見誤るような状況であった。決戦の開始はいつも一人、二人の果敢による。これを機会に激闘に次ぐ激闘、まさに死闘が始まり、尊氏、あわやこれまでかという刹那、なにやらどこからともなく奇妙な動きが現れる。松浦、神田党の裏切りである。これを契機に戦意喪失した菊池勢は総崩れとなり、圧倒的に不利であったこの決戦は足利勢の大勝利で終結した」

多々良浜古戦場の碑（福岡市東区）

薄氷の勝利で、まさに『太平記』のいう強運の尊氏である。

さて、尊氏の弟直義《ただよし》が香椎宮にて勝利を祈願して陣の腰に向かおうとしたときに烏が飛んできて、口に加えた杉の葉を兜の上に落としたと伝わる。

ちはやぶる香椎の宮のあや杉は神のみそぎにたてる成けり
（『新古今和歌集』）

「この御社の前なる綾杉《あやすぎ》は、いにしえより名ある神木なり。

香椎宮のご神木，綾杉（福岡市東区）

社家の説に言い伝え侍るは神功皇后韓国より帰らせたまい持たせ給いし三《みつ》の兵器（御剣、御鉾、鉄の御杖）をこの所に埋められ、その上に杉の皮をささせたまい、後代に至るまでわが国の守護神となるべしと誓わせたまいしが、その杉生い茂れり。常の杉に葉の様変わりて綾を織れるが如く、あやしかりければ綾杉と名づけ侍る」（『筑前国続風土記』）

　神功皇后が新羅より持ち帰った鉄兵器を埋めた場所に守護神として成長した綾杉。尊氏方はこの杉の葉を笠印に、菊池方は折り笹を笠印にしたという。武神、神功皇后の御加護は絶大であった。

　戦いを終えた尊氏は、感謝の気持ちを込めて多々良以下八百町歩を香椎宮に寄進している。綾杉隣の文化財展示館に尊氏の書状が残るが、八百町歩の田畑は後に豊臣秀吉によってすべてを取り上げられている。

海の正倉院、沖の島

　尊氏が奉納したという、九州に現存する最も古い鎧が、宗像三神を祀る宗像大社に献納されている。この神社の拝殿は小早川隆景によって再建され、優美な姿は本殿とともに重要文化財に指定されているが、その本殿左側を歩くと、緑に覆われた神宝館に着く。ここには宗像大社の御神体として崇拝され、人々を拒絶し続けた絶海の孤島、沖《おき》の島《しま》から出土した銅鏡、黄金の指輪、ペルシャのガラス片、玉類など国宝・重文に指定された十二万点に及ぶ品々が展示されている。

まさに「海の正倉院」と呼ばれるに相応しい、物いわぬ数々の展示品が、凛とした空気の中で、かつての誇らしげな時代を、その魅力を静かに話しかけてくる。華麗なる展示品の中に鉄剣・鉄斧《てっぷ》・鉄製鞍・鉄鋌《てってい》（いずれも国宝）などが並ぶ。完全に赤錆に覆われた鉄製品に鉄肌の輝きは見られない。しかし、この醜い姿の鉄製品が、鋼色の色を誇っていたとき、金・銀に劣らない貴重な宝物であったのである。

数々の刀、鎧・兜が鈍い光を妖しげに放ち、私を迎えてくれたが、妖艶な刀の姿は、私には意外にも小振りに見えた。一般に昔の刀は二尺五、六寸の長さといわれるが、南北朝時代、いわゆるダビラ風、後にはダンビラと呼ばれる長い刀が流行した。佐々木小次郎の刀をイメージしたらよいが、長い刀は平時には見栄えもし、個人戦では威力を存分に発揮したであろう。しかし、乱世の室町時代には戦闘形態が集団戦へと変わり、長い刀では器用に動けず、接近戦には都合が悪かった。後に戦闘形態の変化に合わせて長い刀が次第に小振りになり、豪壮さが消えていくのも、戦略上、自然な変化であった。

さて、十五世紀から十七世紀にかけての時代は、世界史的には新大陸や新航路が発見されるなど、海の男たちの冒険時代でもあった。日本周辺の海域は中国（明国）船、朝鮮船はもとよりスペイン、オランダ船などのヨーロッパの貿易船まで来航し、特に東シナ海は往来が活発になる。この時代、明との貿易が盛んに行われた。この日明貿易で扱われた数々の商品の取り扱い数トップは日本刀で、百年ほどの間に何と二十二万振りもの大量の日本刀が輸出されている。いわゆる数打ち物と呼ばれる低品質の刀とはいうものの、これだけの膨大な量の刀を一体何に使おうとしたのであろう。一説では鎌や鍬などの農具素材と考えられていたが、どうやら明国の貿易船に積み込まれた刀は当時、政情不安定で争いが耐えなかったシャムに大部分が渡っているようだ。刀以外にも様々な武器が重要貿易品目であったことから、当時の我が国は武器供給国との位置づけができていたといえよう。

この背景には、我が国に充分過ぎるほどの鉄の生産・供給態勢がすでに完備されていたことがある。実際、この時代は鍋釜・茶釜の鋳物が大量生産されたように、製鉄技術の革新で鉄生産が飛躍的に向上したと思われる。司馬遼太郎氏が現在の我々を、尊氏の世の室町の子と呼んでいるように、華道や茶道などの素晴らしい文化もこの時代を源流とし、能狂言、謡曲などの伝統芸能、日本風の行儀作法や婚礼作法もこの時代に始まった。いうなれば、この時代は日本のルネッサンスであった。しかし、乱世の時代でもあった。権威は中央にあるものの、地方はなお充分な実力を維持し、農民は自立意識旺盛で史上最高の農業生産高を上げて余暇文化を創造した。農民や庶民に鉄が行き渡ったことが、乱世と同時に室町文化をつくったといえよう。

刀と伝説

左文字の名刀

尊氏の時代は武士の世である。すでに日本刀が登場して久しいが、相州鎌倉の名工正宗《まさむね》といえば名刀の代名詞である。ある文章に、正宗の偉大さを「焼刃《やきば》の『沸《にえ》の美』を最高に表現し『地に真砂子《まさご》を敷くがごとし』といわれる地肌の華麗さに『雪の叢《むら》消し』とたとえられる湾《のた》れを基調とした刀紋《はもん》に正宗の神髄がある」と表現していた。日本刀の鑑賞眼に乏しい素人には何とも理解しがたい難解な用語も多く、鑑賞には少々学習を要するようだ。

日本刀には鑑定上の言葉に山城、大和、備前、相州、美濃の五カ伝があるが、相州伝は鎌倉末期、正宗によって完成すると、各地の刀工に影響を与えて南北朝時代には一世を風靡した。

その後、正宗十哲といわれる名工が各地に誕生するが、その一人である左衛門三郎安吉《やすよし》は博多・息浜《おきのはま》（現在の福岡市博多区須崎町から蔵本町あたり）で数々の名刀を生み出し、その彼が刀に刻んだ銘は頭文字「左《さ》」のたった一文字だけであった。彼の打つ刀は九州の古典的なものとは趣を異にし、美しく冴えた地金に粋な刃文が新風をもたらして人気を博し、左文字《さもじ》一派の刀匠は絶頂期には二百人以上に及んでいる。博多の町を歩けば、刀鍛冶の刀を打つ音が鳴り響く。それが町の風情であったといえよう。

安吉以前にも良西《りようざい》、入西《にゆうざい》、西蓮《さいれん》などの名工がいるが、宇美町に開業していた安吉の父、実《じつ》阿《あ》もまた名の知られた刀匠であった。一大流派となった左文字一派は、多々良浜合戦では南朝方の菊池勢側についたため、肥前、筑後、長門などに散り散りになり、「乞食左文字」と呼ばれるほど落ちぶれている。戦を控えて、どの勢力に立つかの決断がその後の運命を大きく左右したのは、何も武士だけではなかった。

さて、左文字の有銘作は残念ながら短刀に限られており、現存する太刀は「名物光雪左文字」の一口だけである。もとは北条氏政《うじまさ》の評定衆、岡江雪斎《せっさい》の愛刀であったが、徳川家に渡り、家康の形見となった由縁から、家康公の魂を宿していると伝わり、徳川家のお城の天守閣の上に飾られて、小姓が就き朝晩に御神飯を上げたといわれる名刀である。どういうわけか昭和の初めに売りに出され、驚くような高値がついたが、現在は日本刀装具美術館（東京都文京区）に国宝として静かに眠る。

戦いに明け暮れた戦国武将は数多くの名刀を所持していた。織田信長も多くの名刀を秘蔵しており、その中に左文字の鍛えた「義元左文字」がある。もと三好宗三《そうざ》の愛刀であったが、武田信玄の父、信虎から駿河の今川義元の手に渡った名刀である。天下分け目の桶狭間の戦いで義元を打ち破った折り、この刀を手に入れた信長は、記念として茎《なかご》の表に「永禄三年五月十九日、義元討捕の刻《とき》、彼所持刀」、裏には「織田尾張守信長」と金象眼銘《きんぞうがんめい》を入れて秘蔵していた。尾張の小大名に過ぎなかった信長が天下布武へと大きく踏み出す戦の勝利を記念したもので、信長にとってひときわ思いの深い名刀である。その後、豊臣秀頼から徳川家康に渡り、将軍家の重宝となっていたが、惜しいことに明暦の大火の際に焼けてしまった。それを再び鍛えた刀が、信長を祀る京都の建勲《たけいさお》神社に奉納されて、今は重要文化財指定である。

郷土が誇る名工左文字を輩出した福岡の地は、左文字一派が途絶えた後も、金剛丘衛盛高《こんごうひょうえもりたか》、黒田家になって筑前信国《のぶくに》と称される吉次《よしつぐ》、吉政《よしまさ》、吉包《よしかね》、重包《しげかね》などを輩出した。この地にはよほど名工が生まれる土壌が育まれていたのであろう。

米一丸の悲話

武士が自らの命を刀に託して戦うことより、日本刀は武士の魂といわれてきた。いわば生死を刀の優劣に置き換えたのである。妖刀としてよく知られる村正《むらまさ》。村正は数々の伝説を残した名匠であるが、家康の祖父清康が殺害され、長男信康の切腹の介錯刀となり、そしてまた、関ケ原で家康自身が手傷を負ったのがすべて村正の刀であった。また、福岡藩家老加藤司書が「乙丑《いっちゅう》の獄」で享年三十六歳で切腹。介錯刀は村正の刀であったと『見聞略記』に記されている。この妖刀伝説の背景には、彼の打つ刀の優れた切れ味があると思われるが、このように日本刀には色々な伝説・伝承がつきまとう。この地で有名な伝説に米一丸《よねいちまる》の刀にまつわる悲話がある。

「駿河国の木島長者という者が、なかなか子供を授かることができないので米山薬師に祈願したところ男の子が生まれ、米山さまの一文字をとって米一丸と名づけた。逞しい若者に成長した米一が若狭国の湯川長者の娘を嫁として迎えたが、この妻が後に釈迦一御前と呼ばれた絶世の美女。木島長者の主家の京都の一条殿がこの絶世の美女に横恋慕して策略を計ることになる。米一丸に『我は以前、筑後の柳川に流浪したとき筑後の刀工三池典太光世《てんたみつよ》のつくった二尺七寸の太刀を博多の某家に入質しておいた。汝は急いで博多に赴いて、代金を払い、その太刀を受け取ってこい』と命じ、博多の地でこの米一を抹殺しようと悪知恵を働く。

主家の命とあれば逆らえない米一は妻を置いて博多に向かうが、命を受けた者どもが、幾度となく米一の命を狙う。ついに多勢に攻められた米一は、箱崎の松原まで逃れたが、もはやこれまでと自害。このとき米一を慕っていた宿の娘は壮絶な討ち死に。残された妻も遙々博多の地に来て米一の墓前で同じく自害。縁のあった遊女も自害し、十六、七のうら若い美女が三人も死ぬこととなった。米一の恨みいかほどであったろう。この事件に関わった者どもはその後狂い死にしたと伝わる」

「米一石塔。地蔵松原の南、多々良川の潟に近き所にあり」（『筑前国続風土記』）

九州大学の正門から宇美川に向かうと、踏切手前に米一を祀る供養塔がひっそりと佇んでいる。この辺りを地蔵松原といったらしいが、今は住宅地となり松原の面影は失われている。この付近では列車事故による轢死者や自殺者が多発したことから、人々は米一丸の祟りを恐れたと伝わる。

私はこの悲話もさることながら、質入れされた三池典太の二尺七寸の刀の方が気になる。この刀が名だたる名刀だったがゆえに、この悲話が成立したのである。名工三池典太は筑後国三池に住んで典太光世、法名元真《げんしん》と名乗り、承保（一〇七四－七七年）ごろ活躍した刀工といわれ、その子孫は古刀期を通じて長く特色ある作品を生み出した。足利尊氏以来の将軍家の重宝「名物大典太《おおてんた》」には「光世作」の銘が打たれている。初代光世作で、室町時代以来「天下五剣の一」に数えられる、身幅が広く堂々とした第一の傑作といわれる名刀である。『享保名物帳』には秀吉が加賀前田家に贈ったと記され、前田家ではほとんど神格化されてきたと伝わり、国宝として前田育英会（東京都目黒区）に現存する。

米一丸の供養塔（福岡市東区）

他に無銘ながらも典太作といわれる「ソハヤノツルギ」と称せられる重宝がある。「我、此刀を以て永く子孫を鎮護すべし」。徳川家康が最後まで身辺に置いた名刀で、病にあった家康は、よほど大坂方の動向が気がかりだったのであろう。罪人を相手に試し切りを行い、その壮絶な切れ味に満足した家康が、刀を振りながら「西方が安心ならぬから峰を西に向けて立てておけ」と遺言したと伝わる名刀で、久能山《くのうざん》東照宮御神体として崇められる。

名刀にまつわる伝説

「名物」と肩書きがつく刀剣とは、享保四（一七一九）年に将軍家や主な大名に伝わる名刀の由来や大きさなどを、将軍吉宗の命で本阿弥光忠《ほんあみみつただ》が調べ上げて名物帳に記載したものに限られている。この『享保名物帳』には一六八口が記されているが、さすがに正宗が四十一口と一番多く、左は九口、三池は一口となっている。現在の国宝は文部科学大臣が指定するが、これらの名物に国宝となっているものが意外と少ないのは、刀の優秀さだけでなく歴史的価値という判断基準から至極当然といえよう。

黒田家もまた、多くの名刀を所蔵していた。福岡市美術館で公開されていたが、平成二（一九九〇）年、福岡市博物館完成とともに移されて、現在は博物館所蔵となっている。

「名物日光一文字」。もともと日光東照宮に奉納されていたこの太刀は、その後、北条早雲《そううん》が申し請け、北条家の家宝とされた。ところが天正十八（一五九〇）年、豊臣秀吉の小田原攻めが行われ、北条氏は窮地に立たされた。そのとき、北条氏直《うじなお》と秀吉の間で如水が和睦の労をとり、北条氏直と城兵たちの命を保証して投降させた。氏直は、よほど如水に感銘を受けたのであろう。礼として日本の三陣貝の一つといわれる北条白貝《しらがい》、北条家の歴世の重宝で、かつて平経正《つねまさ》が愛用した「時鳥《ほととぎす》」と名づけられた琵琶とともに贈られたのがこの刀である。豪壮で美しい刃文を持つ格調高いこの刀は、無銘ではあるが、如水にとっては自分の出身地の備前国福岡の福岡一文字派の作でひときわ愛着があったのだろう。前述の由来からこの名がつき、現在は国宝として福岡市博物館に所蔵されている。

これより先の元亀元（一五七〇）年、織田信長、徳川家康連合軍が浅井長政、朝倉義景《よしかげ》連合軍を破り、三年後には信長の妹お市《いち》の夫、長政を自刃に追い込んだ姉川《あねがわ》の合戦の恩賞として如水が信長より賜った刀に、正宗十哲の一人、長谷部国重《はせべくにしげ》の鍛えた最高傑作「へし切長谷部」と称する名物がある。

あるとき、観内《かんない》という茶坊主の無礼を咎め、手打ちにしようとした信長、逃げ惑って戸棚の間に隠れたので刀を振り上げることもかなわず、刀を棚下に差し込み押さえつけると手応えもなく容易に切れてしまった。その切れ味に驚いた信長は、この刀を「圧切《へしきり》」と命名して愛用し

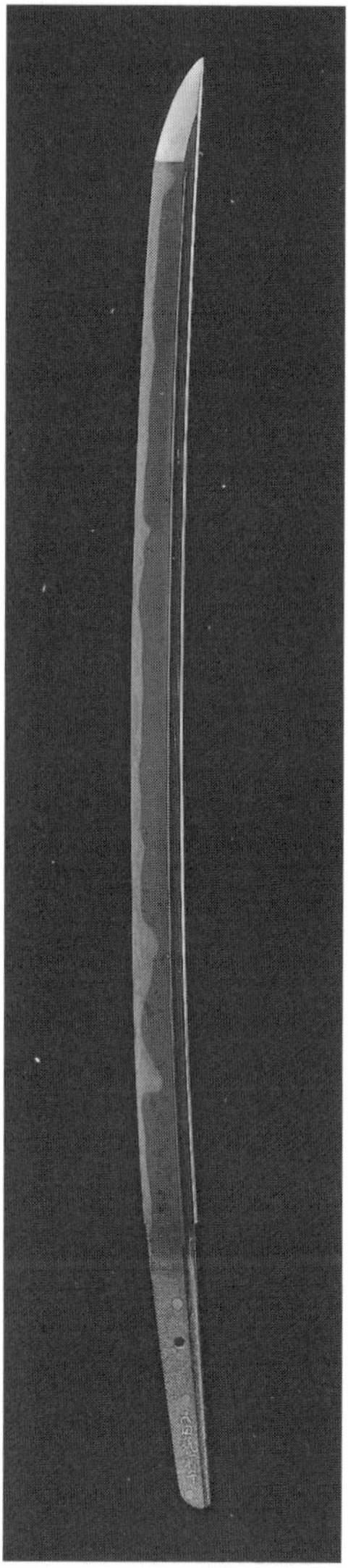

へし切長谷部（南北朝時代。要史康氏撮影，福岡市博物館蔵）

ていた。如水は小寺政職《こでらまさもと》の名代として信長に拝謁した折り、毛利氏攻略時の協力を申し入れる。初めて見参した陪臣の意見を受け入れるとは、如水の振る舞いによほど感銘を受けたのであろう。黒田家では信長よりこの刀を賜ったのがきっかけで世に出たことから、「日光一文字」以上に、黒田家第一等の重宝として終始丁寧に扱ったというが、この刀も国宝として福岡市博物館に所蔵されている。

また、『日本刀全集』第六巻（徳間書店）には、この地の武将、立花宗茂《むねしげ》にまつわる逸話が紹介されている。「日本を統一した暁には大陸にまで攻め入ろう」と画策した秀吉が「唐入り」の根拠地とした肥前名護屋城。ついに文禄元（一五九二）年、この地に三十万を超す大軍が動員され朝鮮侵略が始まる。文禄の役である。九軍に編成された秀吉軍は次々に海を渡り、第三軍には総数二万千人を引き連れた弱冠二十五歳の黒田長政が、第六軍には小早川隆景、立花宗茂が海を渡った。宗茂、ときに二十六歳の若さである。

宗茂は、大勢の敵を相手に刀が折れ、窮地に陥っている家来の風斗就澄に遭遇した折り、とっさに自分の佩刀長光《ながみつ》を投げ与えて急場を救った。

紆余曲折の歳月は過ぎ、関ケ原の役で豊臣方として家康に敵対した宗茂は、柳川を召し上げられ流浪の身となった。家来の風斗就澄も摂津の在に隠れて住む身になり、このとき、藤堂高《とうどうたか》虎《とら》が千石の禄と引き替えにこの長光を所望するが、「一国でもお断り申す」とその話を蹴っている。刀工長光は鎌倉中期に数多くの名刀を残した備前長船の名工であるが、健全無比のこの刀は今は国宝として東京国立博物館に眠る。

さて、徳川秀忠から旧領柳川への再封を申し渡され、二十年振りに柳川藩主に奇跡的に返り咲いた宗茂。お祝いに訪れた風斗就澄と対面し、「長光をまだ持っているか」と静かに問うている。風斗就澄はおもむろに長光を取り出し、「もし私が私利私欲のためにこの刀を手放していたら、今日の対面は叶わなかったでしょう」といい、主従は互いに泣いたという。豊臣秀吉から「その忠義は鎮西一、その剛勇もまた鎮西一」、「九州之一物」と激賞された清廉・豪毅の武将宗茂にして、この家来ありというべき話である。

日本号と筑紫槍

筑前今様
のめ〳〵酒を　のみとりて
我が日の本の　この槍を
取り越すほどに　のむならば
これぞ真の　黒田武士

現在歌われている歌詞とは違いがあるが、福岡を代表する「黒田節」のもともとの歌である。

正親町《おおぎまち》天皇から足利義昭に贈られ、織田信長、豊臣秀吉を経て「日本号」と名づけられたこの

母里太兵衛友信像（光雲神社）

名槍は、福島政則が所有していた。

あるとき、伏見で開かれた酒宴に呼ばれた「日本一の酒豪」黒田家家臣母里《もり》太兵衛《たへえ》友信《とものぶ》は、政則から戯れに大杯の酒を勧められ、見事飲むことができれば望みの物を与えようと武士の一言。一説には一升八合以上の酒を一気に飲み干し、見事日本号を手中にした。「呑み取りの槍」とも呼ばれる。

もともと、天皇家所持の槍であったが、刀や槍に対する武士の心情が随所に垣間見れる。日本号は室町時代の作で、穂の長さ七九・二センチ、柄の長さ二三八・八センチとある。戦う上で間合いを取りやすく、攻撃力に優れた槍は、武勲や権威の象徴として、いうなればステータスシンボルとなった。

江戸時代の参勤交代では、大名は先頭に槍を立てて武士の誇りと家柄を誇示するようになる。長政は家臣、林太郎右衛門が文禄の役の際、京信国の槍で虎を射止めた武勇を賞し、槍に「虎《とら》衛《つき》」の名を与え、太郎右衛門の槍印「黒鳥《くろとり》毛《け》鞘《ざや》」を黒田家の槍印にしている。

日本号は現在は福岡市博物館に展示されている。照明に浮かび上がった日本号に対面すると、素人目にも壮絶なほどに美しい姿で、太兵衛の感激のほどが推察できる。なお、槍と盃を手にした太兵衛の銅像は博多駅にあり、「黒田節」同様、旅行者にもよく知られる。また、威風堂々の等身大の銅像が、兜の銅像と一緒に、博多の町を臨む西公園（荒津山）の光雲《てるも》神社境内に立つ。

ちなみに光雲神社は、如水の法名「龍光院殿如水円清大居士」の「光」と長政の法名「興雲院殿古心道卜大居士」の「雲」から命名された神社であるが、神社に至る五十二段の階段は五十二万石を、その前の三段の階段は三千石を示している。福岡藩五十二万三千石を表した、なかなか味な造りである。

ところで、貞和三（正平二、一三四七）年、「後三年《ごさんねん》合戦絵巻」に描かれているように、槍は南北朝時代に登場した武器で、平安から鎌倉までは使われていない。南北朝時代に歩兵の登場などの戦闘様式の変化が現れ、騎兵との戦いで威力を発揮する槍が使われるようになり、ついには武士の表道具として地位を高めた。

古文書に「筑紫槍」と記される槍がある。主に筑紫国一帯で使われた由縁から名がついてい

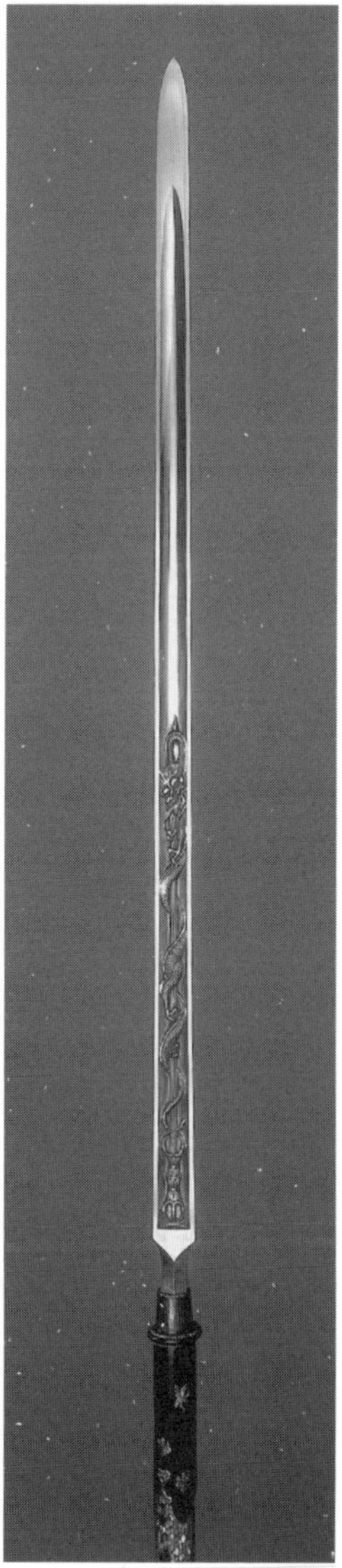
日本号（室町時代。要史康氏撮影，福岡市博物館蔵）

るが、一般には「菊池槍」と呼ばれる槍である。

建武二（一三三五）年、南朝方についた菊池武重《たけしげ》は、新田義貞《よしさだ》に従い鎌倉に向かっているときに箱根山で足利軍と遭遇し、咄嗟に短刀を竹竿の先にくくりつけて戦い、圧倒的な勝利を収めた。後に「菊池千本槍」と呼ばれる戦いである。武重が肥後に帰り、刀鍛冶延寿国村《えんじゆくにむら》につくらせたものが「筑紫槍」と呼ばれ、槍の始まりとされる。この筑紫槍、多々良浜合戦でも大いに威力を発揮したであろうが、ときの運は尊氏にあり、武重は敗退となった。

刀匠との出会い

日本刀は優れた切れ味に特徴を持つ武器である。絹のネッカチーフを刃に置けば、その重みで二つに分かつと語られるように、ダマスカス剣は鋭い切れ刃の代名詞である。日本刀もその意味では負けない。しかし、刀匠の手で鍛え抜かれて凄絶なまでの美しさを備えた日本刀は、むしろ美術品として、複雑な製造工程を持つ鉄の芸術品として、今なお多くの人々の関心を引きつけてやまない。

鉄は錆びる。酸化してボロボロになり土に帰る宿命を負う。日本刀も錆びて朽ち果てる鉄でつくられる。しかし、平安時代、鎌倉時代の刀が千年の歳月を経た今も、地金の美しさと刃文の華麗さを失わずに残る。ここに日本人の刀に対する独特な思想が表れている。

「折れず、曲がらず、よく切れる」。相矛盾する表現であるが、刀に求められる必要条件で、日本刀はこの他に鑑賞美が求められる。

このような条件を満たすには、優秀な素材と優れた作刀技術を要する。素材はたたらで大きな塊となって取り出された鉧《けら》である。この鉧を細かく割って炭素量の多い部分や少ない部分に分類するが、外観や破面の状況を観察し、いわば人間の感によって巧みに選別された。この選ばれた素材の善し悪しが、日本刀の優劣をほぼ決定し、素材の鉄が粗悪ならば、どんな名工によっても名刀は生まれないといわれるように、刀匠は素材を選別する優れた科学の目を持ち合わせていた。

日本刀製作には、たたら製鉄でつくられた鉄が欠かせない。それゆえ、現在も出雲の地にて操業が行われ、刀匠に素材が供給されている。いわば日本刀という優れた美術品、芸術品のために、古来の製鉄法は今も脈々と生き続けているのである。

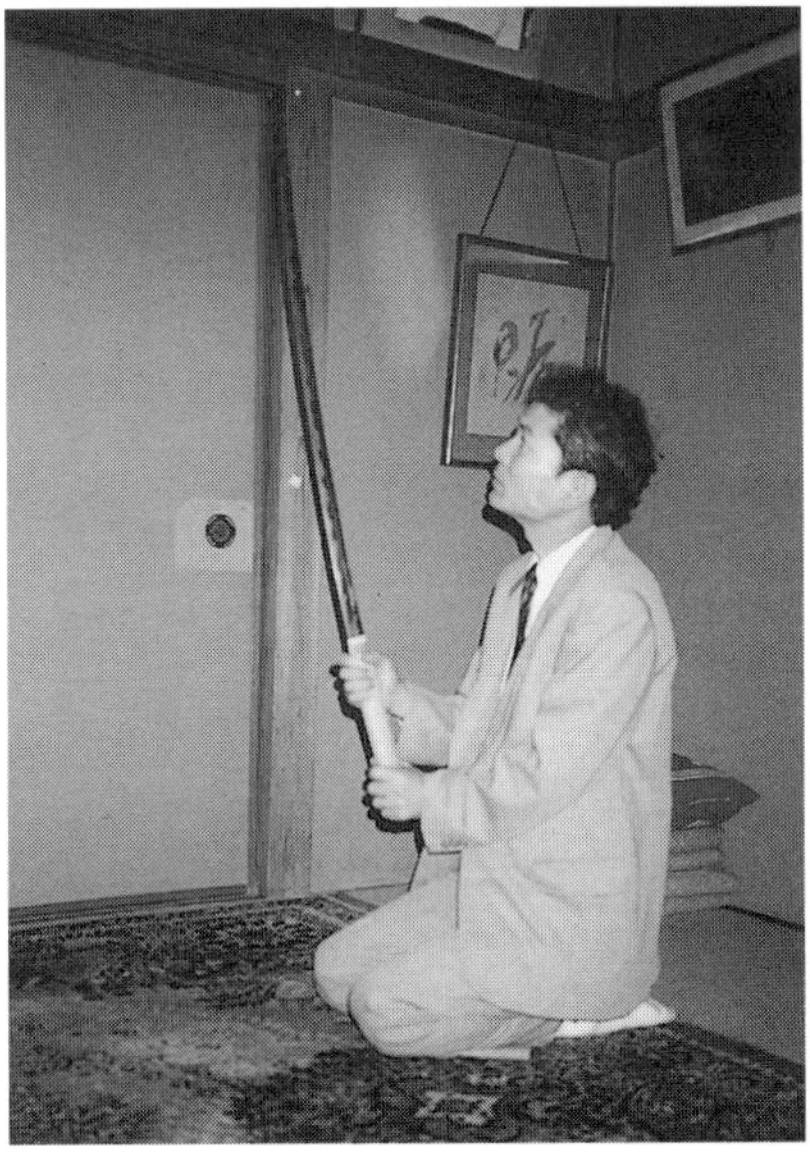

刀を手にする著者（宗昌親氏宅にて）

日本刀の素晴らしさが素材、技法から生じているなら、日本刀製作にはどのような特徴や秘法が存在するのであろう。博多在住の刀匠宗昌親氏を訪ねた。

人の縁とはありがたいもので、宗氏は、私が九州大学に短期間であったが研修生としてお世話になった折りに指導していただいた教授の教え子であったので紹介していただいた。また、出雲を訪ねた際に、偶然にも日刀保《につとうほ》たたらの村下《むらげ》、木原明氏との知遇を得たが、木原氏と宗氏は日立製作所安来《やすき》工場で一緒に鉄の研究をされていたことがあり、宗氏に旅先での木原氏の話をすると、出雲での生活を思い出されたようで大変懐かしがっておられた。このように鉄を通じて色々な人と出会え、話を伺えたのは、実に貴重で楽しいひとときであった。

さて、宗氏宅を訪ねて驚いたのは神棚である。屋敷中に神棚が祀られており、厳粛な空気の中、身の引き締まる思いだった。刀工が作刀の際、仕事場に注連縄《しめなわ》を張り斎戒沐浴《さいかいもくよく》して神官に似た装束を着用するのは、いわば神の意志を代行して鉄から刀をつくっているとする由縁にある。日本の伝統技術の心、精神に触れた瞬間であった。

宗氏の打った刀を拝見させていただいた。手にすると日本刀の素材が鉄であるのを改めて実感した。想像以上に手にのしかかる重量感である。古い時代の刀剣秘書などに「地色黒く青し、肌こまやかなり」とあるが、深みある若干黒っぽい地肌に、勇壮な波をイメージした刃文であろうか。鑑賞眼の乏しい身にも感動的であった。

「和鋼なくして日本刀なし」。やはり日本刀は「育ちより氏」なのだろう。宗氏はより優れた素材を求めて砂鉄の研究をされておられるようで、各地で採集した砂鉄や研究設備が見られた。

日本刀の製法

ここで、日本刀の基本的な製造方法の概略を紹介したい。時代や流派の違いはあるが、結論から述べると、やはり鉄素材に対する思想に感嘆せざるを得ない。「折れず、曲がらず、よく切れる」。この矛盾した命題を解く鍵は刀の地金づくりにある。この優れた素材を料理する刀匠の技に感嘆する。

まず、たたらで生み出された玉鋼《たまはがね》の塊を叩いて薄い板状にし、焼き入れすると硬くなるので叩いて小さな鉄片に割り「地金卸し」、次に鉄片を積み重ねて水で濡らした和紙で包み込み、わら灰、さらに粘土汁をかけて火床で加熱して叩く「積み沸かし」。この作業を繰り返しながら長さ二〇〇ミリほどの板状の中央部分に鏨《たがね》を入れ折り返す「下鍛え」。リズミカルな槌音が響き、額に玉汗を浮かべながら折り返し作業を五、六回繰り返すと、炭

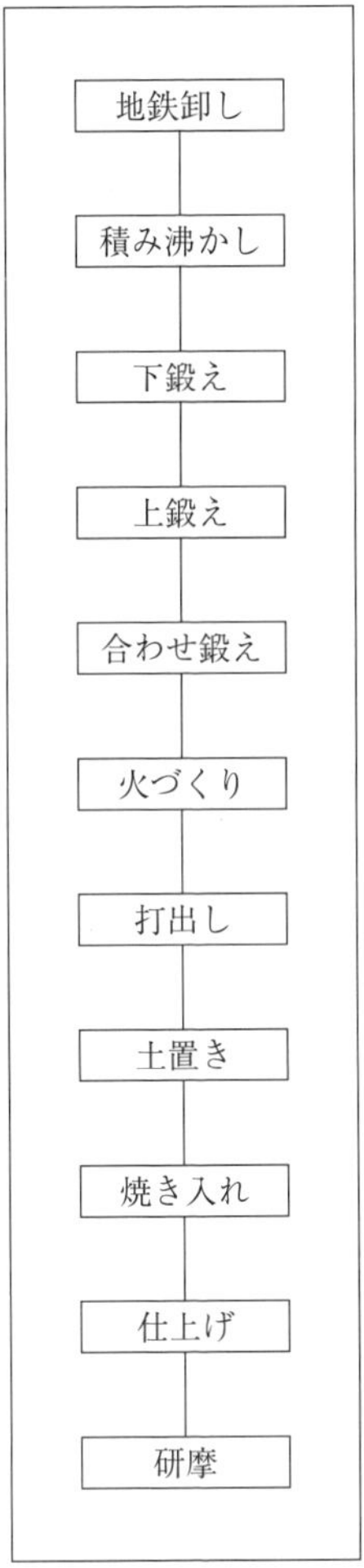

日本刀の製法

上鍛え

素量が調整され均質な素材が生み出される。炭素量の多い銑鉄《せんてつ》や炭素量の少ない包丁鉄《ほうちょうてつ》も玉鋼と同様な作業を繰り返す。ここまでの作業で炭素量の違う材料が揃う。いうなればやっと料理の材料が揃ったのである。

日本刀は場所に応じて、それぞれ異なる役割を担う。先ほどの小割した鉄片の配合比を変え、炭素含有量〇・二パーセントほどの軟らかい心鉄《しんがね》、〇・七五パーセントほどの硬い刃鉄《はがね》、そして〇・三五パーセントほどの皮鉄《かわがね》を折り返し鍛錬しながらつくる［上鍛え］。赤く色を変えた鉄は打たれて火花を散らし、形を変えながら、冷えて硬くなる。その作業を繰り返し、額には大粒の汗が浮かび熱気がほとばしる。この工程は非常に重要ゆえに、例えば生命線の刃鉄の部分では十五回も鍛接《たんせつ》され、実に二の十五乗、すなわち三万二七六八枚の層状組織となる。この刃鉄を皮鉄ですっぽり包み込み（甲伏鍛え）、あるいは刃鉄と心鉄を皮鉄でサンドイッチ状に包み込み（本三枚鍛え）鍛接して棒状にする［合わせ鍛え］。最近の複合材料の走りといえなくもないが、ここまでの手間暇のかかる工程に日本刀の秘密が隠されているように思えてならない。

ここから、刀の原型に打ち延ばし［火づくり］、さらに刀身の棟は三角になるように叩き、刃の部分は薄くするなど細かい作業［打出し］をしながら日本刀の形に成形すると、いよいよ強靭さと微妙な反りをつくるために焼き入れを行う。

合わせ鍛え（甲伏鍛え）

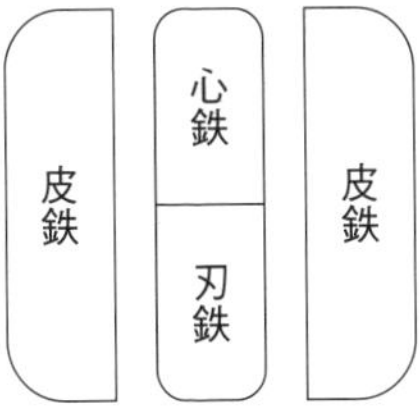

合わせ鍛え（本三枚鍛え）

刃の部分は焼きを入れて硬くするため、粘土と木炭の粉を練り合わせた焼《やき》刃土《ばつち》を薄く、棟の部分は粘り強さを維持するため、焼きが入らないよう粘土を厚く塗る［土置き］。この粘土の厚さの違いが境目となり、後に副産物として刃文となる。刀工たちは工夫を凝らして密かに刃文を楽しむが、備前伝、相州伝などと刀工の個性を決定づける大きな要因である。

焼き入れは日没後に行われる。炭火のあかりが刀工や小者たちの顔を赤々と照らす中、土置きをした刀を八〇〇度位に加熱してから、精神を統一し、一気に水の中に入れ急冷する。激しく水蒸気が立ち昇り、周りは靄がかかったようになる。焼きが入った刃部は膨張して刀は綺麗に弧を描き、反りが生じる。研ぎ澄まされた空気の中で刀剣に魂が宿り、砂鉄から鈍い光を放つ一振りの刀剣が生まれた瞬間である。

鍛刀作業の最後の仕上げである焼き入れ。それは厳粛な儀式であり、まさに神の業でもある。魂の入った刀は、歪みやねじれを修正して形が整えられ、目釘の穴を開けると刀工の手を離れ、研ぎ師の研磨作業に委ねられる。

このような工程を経て素晴らしい日本刀を生み出す技術を、アメリカの金属学者C・S・スミスは『金属組織学の歴史』（一九六〇年）で次のように称賛している。

「日本刀の刃の仕上げは類のない卓越した金属組織学の技術である。日本人は視覚的にとらえられる金属の構造を正しく評価、これを鍛造と熱処理の制御に役立てたのであるが、しかし、金属の本性、または凝固と変態の科学的理解には全く貢献しなかった。顕微鏡と知的好奇心の二つが十七世紀から前進していったヨーロッパでは研究に使用できる面といえば波面または完全に構造を隠してしまう研磨と艶出しの施された表面だけであった。もし、日本人が科学に心を傾け、逆にヨーロッパ人が選りすぐれた金属の技術者であったならば、金属学の歴史は非常に違ったものになったであろう」

魅力を引き出す研ぎ

美術品としての刀の美を引き出す「研ぎ」もまた、素晴らしい芸術である。足利尊氏のころより刀剣の「磨礪《とぎ》・浄拭《ぬぐい》・目利《めきき》」を家業とする本阿弥光悦《ほんあみこうえつ》はよく知られる人物で、豊臣秀吉は本阿弥光悦をもって刀剣の目利きの第一人者としている。茶の湯、書道、陶器など彼が関わった素晴らしい作品の芸術性は、その家業から生まれ育ったといえる。

さて、刀の美の究極は研ぎ出された鉄肌そのものにある。先に触れたように複雑な工程で鉄素材は内部に組織変化を生じ、微妙な肌合いの違いとなって表面に現れるが、その地肌の美しさを引き出すのが研磨技術で、研磨によって刀剣の荘厳な美が生きるのである。

飯塚市と糟屋郡宇美町の境に標高八二六メートルの砥石《といし》山があり、ここより湧き出る水が多々良川の源流である。この山は三郡縦走コース（三郡山、砥石山、ショウケ越え、若杉山）の中間点に位置し、大小の滝が豊富な水量を誇り、縦走路の展望も素晴らしく、登山愛好者には馴染みの山だが、一般にはあまり知られていないようだ。

「砥石あり。故に山の名とす。その砥は肥後天草砥に似たり」と『筑前国続風土記』に記されているように、天然砥石が産出される由縁よりついた山名である。天然砥石の産地は日本各地、至る所に見られるが、興味深いことに寛政期の『日本山海名産図会』には、日本中に数十の砥石山の名が記されている。大仏のアマルガムの鍍金《めつき》の前に下地研ぎをしたのが「伊予砥《いよど》」。記録上では日本で一番古い砥石であるが、立岩遺跡群より出土した鉄剣、鉄鋌には砥石が一緒に副葬されていた。このように砥石は貴重品として扱われていたようだ。銅鏡などの研磨を考えると、銅や鉄の先進地であった由縁から、この地の砥石山の命名時期は寛政よりもっと遡れるのではなかろうか。刀が誕生し、切れ味が要求される武家社会に移行して需要が増え、日本各地にこの名のつく山々が現れたのであろう。

『延喜式』に「麁《あら》砥磨一日、焼並ニ中磨一日、精磨一日、瑩《みがき》一日」とあるように、この時代にはすでに刃文や地金の鍛え肌が判明できるほど、入念に研磨がなされていた。日本刀は、十数種の砥石で丁寧に研ぎがなされ、その魅力が引き出されるが、一般に砥石は大きく三種類に分類できる。刃物の形を整え、刃こぼれを取る荒砥《あらと》、刃物に刃をつける中砥《なかと》、刃に切れ味を与える合砥《あわせど》。名のよく知られる大村の砥石は荒砥、天草の砥石は中砥である。多くはこの中砥で、合砥は鳴滝砥《なるたきど》（京都）などが有名である。この地の砥石山は「肥後天草砥石に似たり」とあることから中砥として使われたのだろう。

ところで、今日、砥石で刃物を研ぐ姿などほとんど見かけない。サンドペーパや人工砥石が増えて何とも味気ないが、いうなれば刃物素材そのものが変化したのである。剃刀といえば昔からドイツのゾーリンゲンにこだわる向きも多かったが、切れ味を重視するなら素材にこだわらざるを得ず、そして、このような素材は研ぎが求められ、ゆえに砥石そのものにもこだわった。私も家庭で使う包丁や鎌、鍬などを研いだ経験があるが、相性に恵まれた砥石は軽く当てるとすーっと吸いつき、跡には黒い研汁が広がり実に心地良かった。昔の床屋ではカラスと呼ばれる砥石がよく使われた。これは灰青色の地に烏が飛んでいるような黒い斑点が見られる砥石で、和剃刀とすこぶる相性の良い砥石であったが、ステンレス製剃刀に変わってしまった今の床屋で、カラスの名を知る人はいるであろうか。

さて、砥石という名の山々は頻繁に戦いが起きた鉄の生産地、刀の生産地の近くに所在し、需要も旺盛であったろうが、実戦ともなれば刃こぼれも相当激しかったに違いない。この地で行われた数々の戦い。砥石山はいかなる思いで身を削られたであろう。

鉄砲と鎧・兜

鉄砲の登場

多くの兵士の屍で埋まった多々良浜。その地が二三〇年の後、再び大きな戦いの場と化した。永禄十二（一五六九）年、毛利方は元就の二男吉川元春《きつかわもとはる》、三男小早川隆景が立花城に本陣を、対する大友方は戸次鑑連《べつきあきつら》、臼杵鑑速《うすきあきずみ》、吉弘鑑理《あきまさ》の三将が博多に本陣を構えた。中央に流れる多々良川を隔て小競り合いが続く中、五月十八日、ついに大激戦となった。

「九国（九州）中国分け目の合戦なれば臆病の名を恥じよと戒めて敵味方八、九の鬨《とき》の声、鉄砲の音、天地をひびかせり。両軍入り乱れて戦うほどに多々良浜の東西には双方の死人算を乱せるが如し」（『筑前国続風土記』）

毛利方から三万、大友方六万の大激戦。ついに決着を迎えることなく、多くの屍を多々良浜に晒して空しく終戦となった。

先の戦とは違い、主な武器として鉄砲が登場しているが、種子島に漂着したポルトガル人により鉄砲が伝来したのは、天文十二（一五四三）年である。わずか二十年後には毛利氏は鉄砲を組織的に用い、鉄の有力な生産地出雲を支配していた尼子《あまご》氏を攻めた。多々良浜での戦いでも強力な威力を発揮する鉄砲が組織的に使われ、戦いはより悲惨な結末となってしまった。

織田信長は、鉄砲で武装して大坂石山本願寺に立て籠もった一向宗門徒を攻めあぐねた経験（石山合戦）から、鉄砲の大量使用を学んだといわれ、桶狭間の戦いを経て、鉄砲の威力を存分に活用する「馬防柵《ばぼうさく》」と「三段撃ち」という新戦法で武田騎馬隊に勝利する（長篠の戦い）。そしてまた、小舟と火道具をふんだんに使った村上水軍に大敗した織田水軍は、第二次石山合戦で「鉄甲船」、「装甲鑑」という六隻の鉄船を使用した。

この鉄甲船は木船に鉄板を貼っただけの船ではあるものの、相当な重量で、蛇取や操船に多少の欠点は生じたと思われるが、いうなれば当時のハイテク兵器を搭載した軍艦で、現在の戦艦の原型ともいえる。鉄甲船を実見したポルトガル人宣教師オルガンチノの報告書には、長さ二一・六メートル、横幅一二・六メートル、三門の大砲と無数の精巧な長銃を備えていたと記され、日本でこのような軍船が建造されていることに驚嘆しているが、見物にきた群衆もまた、その大胆奇抜さに驚き、度肝を抜かれた。

ヨーロッパでもこのころは木造船で、鉄船の登場は蒸気船の発達を待たなければならず、鉄甲船は最古の鉄の船といえよう。信長は大胆、突飛な発想を持つ戦略家で、鉄の性質を知り尽くした鉄の最大の理解者であったが、皮肉にも信長を自決に追いやった本能寺の変もまた、暁の銃声によって始まったのである。

また、鉄甲船にはすでに大砲も搭載されているが、『大友興廃記』によれば、天正十四（一五八六）年以前に豊後の大友宗麟《そうりん》が大砲製造を行い、臼杵丹生島《うすきにうじま》の戦いで初めて用いられたとされ、後に秀吉は大砲二門を信長に献上、家康も大砲十五門を完成させている。

私には大砲や鉄甲船の登場には、強固な盾を破ろうとし、強力な矛から身を守ろうとして生じた中国の故事「矛盾」がすでに芽生えているように思えてならない。万物の霊長たるホモサピエンスは原子爆弾や核弾道ミサイルなどの究極兵器をついに生み出し、現在の矛盾は深化し、もっと悲惨な状況になってしまった。このような矛盾を生まない平和な時代を希求したい。

『鉄炮記』

『鉄炮記』（南浦文之《なんぽぶんし》、一六〇六年）の概略である。

「鉄砲の強力な威力を知った種子島の若い島主、兵部丞時堯《ひょうぶのじょうときたか》は、大金を投じて二挺の鉄砲を譲り受けた。時堯は家臣の篠川小四郎に命じて火薬調合法を学ばせ、他方、鍛冶数名を集めて錬鉄製の銃筒を模造させた。しかし、どうにか形の似た物はできても、銃身の後尾の穴の塞ぎ方がわからない。翌年、たまたま島に来航した外国船の乗船者中に一人の中国人の鉄匠がいた。さっそく、八板金兵衛尉清定《やいたきんべえのじょうきよさだ》に命じて銃身後尾の穴の塞ぎ方を学ばせた。しばらくして『ねじ』の作用について新知識を獲得し、ようやく鉄砲の模造に成功した。他方、時堯は南蛮渡来の貴重な二挺の鉄砲のうち、一挺を紀州根来寺の僧、杉坊《すぎのぼう》某公に贈った。そのころ、泉州堺の商人橘屋又三郎なる人物がたまたま種子島に逗留していた。彼はわずか二、三年の間に鉄砲の製作法と射撃法を習得して堺に帰り、堺で鉄砲を製作して畿内一円に広めた。世人、彼を鉄砲又と呼んだ」

中国で発明された火薬・火砲に日本人が初めて遭遇したのは文永十一（一二七四）年、玄界灘の島々を血に染めた元寇のときである。それまで日本式の戦いしか知らなかった武人たちは驚いた。戦の始めを宣言する鏑矢を放ち、「やあやあ、遠からん者は音にも聞け、近くば寄って眼にも見よ……」（『平家物語』）と大声で名乗りを上げて戦おうとするものの、我が国の合戦作法を知らない蒙古軍にはおかしく見えたに違いない。嘲笑の声と太鼓や大きな銅鑼《どら》の音で騒然とする中、弓矢が雨嵐の如く飛び、次々と倒されてしまう。いわば一騎打ちと集団戦法の違いであったが、この経験は武士の戦法に大きな影響を与え、後の尊氏の多々良浜合戦ではすでに集団戦法へと戦闘様式は変わっていた。

博多湾を埋め尽くした軍船九百隻に総員三万人。そして作法も構わぬ非常な戦法。鎌倉武士の驚きは相当であったが、それにも増して大きなショックを与えたのは、火炎と煙を立ち上げながら凄まじい爆発音を上げる強力な武器であった。

「心もよそに肝をつぶし、眼はくらみ、耳はふさがる。かくしては、蒙古に馳せ向かう者、一人として討ち漏らさるる者無し」（『八幡愚童訓』）

初めて遭遇する火器に手も足も出ず、完敗であった。平成十三（二〇〇一）年十月、長崎県鷹島《たかしま》町教育委員会は沈没した元寇船の水中調査で船の外板、マストなどの部材、矢の束などの武器類を発見しているが、その中に、「てつはう」が完全な形を留めたものを含め三点見つかった。後の鉄砲とは違い、直径一四センチ、厚さ一・五センチほどの陶製の玉の中に火薬や油脂布を詰めた「震天雷《しいてんらい》」といわれるものである。この震天雷とは異なるものの、強力な威力を発揮する火器が二六九年の長い年月を経て種子島に上陸し、明くる天文十三（一五四四）年には実戦で使用されるが、元寇での火器の初見から鉄砲技術習得までにこのような長い歳月を要したのは、歴史上いかに評価されるべきであろう。幕末、強力な大砲を搭載した蒸気船に同様の衝撃を受けるが、これについては後で触れたい。

鉄砲の製法

種子島火縄式銃で使用されたのは黒色火薬である。中国三大発明の一つの黒色火薬は硝石《しょうせき》（硝酸カリウム）、硫黄、木炭の混合物で、製造自体はさほど難しくはない。ただ、配合だけに留まらず、季節や天候、銃身に装塡する際の火薬の固め具合が爆発の威力に影響を与えるため、調合は秘法とされた。

偶然、遭遇した鉄砲であるが、種子島が砂鉄の産地で古代より鉄生産が盛んであったのは実に幸いであった。鉄生産及び鍛冶の在来技術がこの地に存在していたからこそ直ちに模造を試みることができ、また、見事に成功した。ただ、銃身後尾を塞ぐねじ栓の知識は当時の日本に

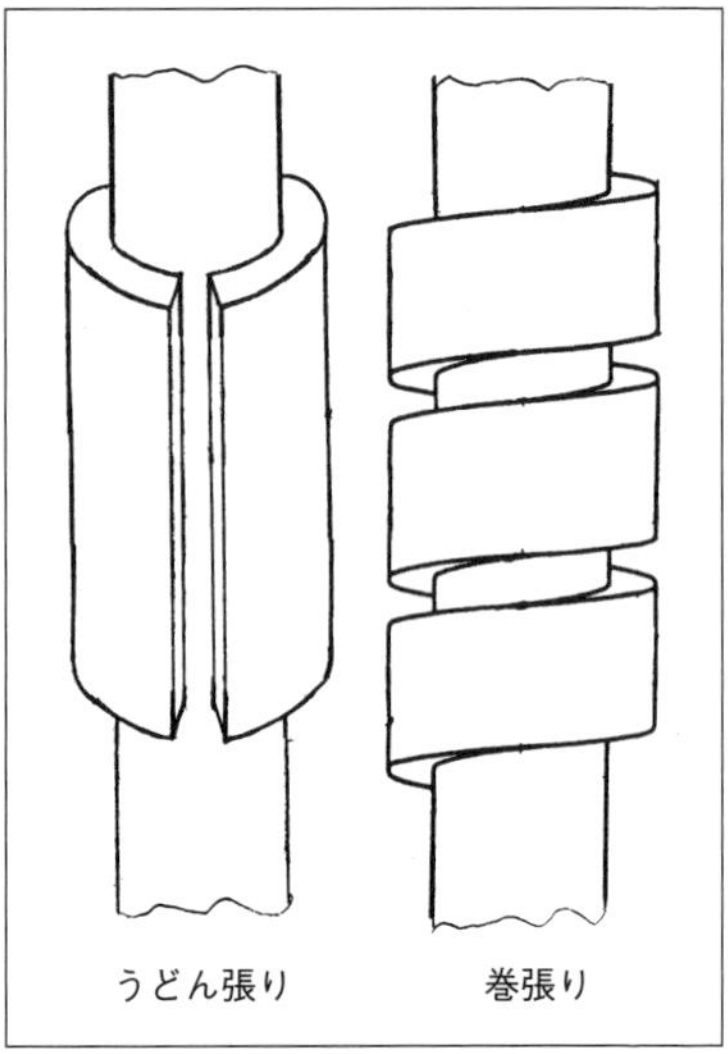

鉄砲製法

は全くなく、未知の新技術である。金兵衛は、ねじの技術習得のために十七歳の自分の娘、若狭《わかさ》を異国の船長に差し出したとも、一挺に金千両もの大金を投じたとも伝わるが、このような逸話が残るほど、未知の技術を得るには多大な困難が生じたのであろう。

また、徳川家康は「鉄砲鍛冶はみだりに他国に出てはいけない」、「鉄砲薬調合は年寄り以外の者には秘密にする」など「鉄砲八ケ条」を定めるが、江戸時代を通してもねじ製法の記載はなく、鉄砲以外にほとんど使われていない事実から、ねじ製法は一子相伝の秘伝秘法で、よほど厳格にその秘密が保たれたようだ。

たったの二挺から始まった新技術は十年も経ないうちに、何と日本各地で三十万挺もの驚くべき数に膨れ上がった。インド人、中国人いずれも鉄砲使用は日本よりずっと先んじたのに、唯一日本人だけが百姓も使うほどに鉄砲の大量生産に成功した。ただ、世界史的に見れば、すでに歯車式発火装置の歯車銃が登場しており、火縄式銃はいささか時代遅れの銃でもあった。とはいうものの、この鉄砲の登場は戦闘形態、戦闘方法、城郭構築、防具などに大改革をもたらす契機となったのである。

先に記した南蛮鉄の流入はこの膨大な需要を満たすためとも考えられるが、急激な大量生産を可能にしたのは日本各地の鉄生産技術と優秀な鍛冶技術の存在である。鉄砲製作では、細長い鉄板を縦に丸める「うどん張り」、鋼板を螺旋《らせん》状に巻き上げる「巻張り」などの技法を使うが、日本刀ほどの複雑な工程は見られず、慣れれば野鍛冶でも充分製作は可能であった。しかしながら、膨大な鉄砲生産量からは、後に専門の鉄砲鍛冶が生まれるのも当然といえよう。仮に砂鉄もなく鉄生産、鉄鍛冶技術の未熟な土地に漂着していたら、また違う歴史を歩んだに違いない。

種子島の名は「一粒の種子が増え、栄えた」に由来する。ポルトガル人が落とした一粒の種子は、その由来通り瞬く間に大きく花開き、今、この小さな島は、技術の粋を集めたロケットが飛び立つ、宇宙に一番近い島になった。

火縄銃の名品、墨縄

鉄砲にまつわる興味深い話に、黒田長政と立花宗茂との間に生じた、鉄砲と弓矢の優劣の武器論争がある。

現在では何だか不思議な論争にも思えるが、当時の鉄砲は命中率が芳しくなく、はなはだ信頼性に欠けた。『鉄砲と日本人』（鈴木眞哉、洋泉社）には、一六一八年のボヘミア戦役では敵一人を撃ち取るのに三十三発を要し、一七六〇年に英仏両軍が交戦したときの統計では小銃の

立花家所有の火縄銃，墨縄（16世紀末－17世紀初頭。御花史料館蔵）

命中率は二パーセント程度という。時代が下がり、一九〇四年の日露戦争でも日本軍四五七発、ロシア軍一一八〇発を要したように、鉄砲の命中率は低かった。おまけに火縄銃は操作が面倒である。ある推計では一発の弾を込める間に十五本の矢が射られたとあり、また、雨に弱い構造的弱点を併せ持つ火縄銃は、我が国では使用が難しかった。

さて、弓矢は鉄砲が普及するまでは間違いなく代表的な武器で、鉄砲普及後も弓矢はなお重要な位置を占め続けた。二六〇〇人の軍勢を率いて朝鮮に渡った宗茂の軍勢は、他の軍勢に比べて長槍隊、弓矢隊が多く、鉄砲隊の数は少なかった。一方の長政は稲富流銃術の免許皆伝、朝鮮の役の折りには愛用の銃で虎の眉間を見事一発で仕留めたほどの腕前を誇った。それぞれに武器への愛着が感じられるが、実際に鉄砲と弓矢の優劣を試したところ弓矢の勝利で、長政所有の火縄銃の名品と呼ばれた「墨縄《すみなわ》」は立花家所有となった。

墨縄の名称は真っ直ぐに線を引く大工用具の名から命名されているが、名前ほどは真っ直ぐ飛ばなかったと思える。

墨縄が柳川の「御花《おはな》」に展示されているので訪ねた。ドンコ舟に乗りお堀を周遊すると、柳が流れに影を落とし、赤煉瓦や白壁の蔵が美しく、ゆったりした時間が流れる。お堀の近く、四代目鑑虎《あきとら》のときに「集景亭《しゅうけいてい》」という別邸を構えた所の地名が「花畠」であったことから、現在も庭園「松濤園《しょうとうえん》」や西洋館を含む敷地全体が「御花」と呼ばれ、多くの観光客が訪れる。併設の史料館の展示物も充実していた。

「行やらて山ち暮しつ時鳥《ほととぎす》今一こゑのきかまほしさに」と記された墨縄にガラス越しに対面すると、黒光りしていたものの意外に小さく、説明には長政候より頂戴したと簡潔に記されただけで、このような由縁の説明がなかったのは残念であった。また、宗茂愛用の立派な弓が展示されていたが、この弓が墨縄と勝負した弓かどうかは残念ながら定かではない。

鎧と兜

戦いは身近な木や石を武器とすることに始まり、次いで青銅武器が出現、ついには強力な威力を備えた鉄が登場して、より悲惨な戦いとなったことは先に記した。武器が強力であれば自然とそれを防ぐ防具が出現するが、刀や槍が登場し、さらに、強力な鉄砲や大砲が生まれたことで戦法は大きく変わり、防具もまた同様に改良され発展した。古くは胴の部分を防御する甲《よろい》と頭部を防御する冑《かぶと》を「甲冑《かっちゅう》」と呼んでいたが、中世以降になると武将の威信を象徴する大鎧が登場して「鎧《よろい》・兜《かぶと》」の呼び方に変わっている。素材としては竹や木、綿、革、青銅や鉄の金属などである。

窪田蔵郎氏の『鉄の考古学』(雄山閣考古学選書)によると、甲冑の初見は『兵具要法』に

「神功皇后新羅百済高麗等三韓進発の時始まる云々」とあるが、鉄製と見られる短甲を装備した武者像の埴輪より、すでに鉄製板の簡単なものは古墳期の初期にはあり、『兵具要法』の記述は始まりでなく大量生産を意味するものであろうと記している。『延喜式』に「鉄鎧二十雙」、『続日本紀』に「鉄冑二九〇〇枚余造らしむ」と大宰府政庁に関する記載があるが、いち早く戦いの場となった多々良地区周辺を鉄製甲冑の始まりとしても、一向に不思議ではない。

さて、源平争乱の時代より、我が国の戦法は大将同士の一騎打ちが戦いの様式であった。フビライのときもこの旧来の戦法を忠実に守り、礼を尽くしてより悲惨な結末となってしまった。

個人戦法主流の鎌倉時代は大鎧が中心であったが、尊氏の登場（応仁の乱）以後は群雄割拠の戦国時代となり、多々良川合戦のように足軽などの集団接近戦へと戦法は変容していく。防具も、重くて動きにくい大鎧に替わって胴丸《どうまる》、草摺《くさずり》、佩楯《はいだて》などからなる「当世具足《とうせいぐそく》」が中心を占めてゆくように簡単なものに変わった。下級武士にも胴丸や当世具足が行き渡ると、刀で切るよりも隙間を突く槍が威力を発揮するようになり、鎧兜の鉄板も次第に厚くなっていった。武士たちはこのような防具で身を覆い戦いに臨む。しかし、戦場は、戦いの場であると同時にパフォーマンスの場であり、またカラフルでもあった。映画などで見る武田信玄の「風林火山」や上杉謙信の「毘《び》」に代表される奇抜な旗、指物《さしもの》、馬印《うまじるし》などを使い、赤一色、黄一色の軍団が華やかに戦場を駆け巡った。その後の論功行賞では総大将の首を取った「一番首」、先駆けて城に入った「一番槍」が真っ先に賞賜される。そのため各武将は自分の姿を印象づけようとし、自然と鎧と兜も個性的となる。戦国期の武将は特に兜に力を入れた。いわゆる「変わり兜」の登場である。

黒田家の変わり兜

黒田家には大胆なデザインの兜が多い。水牛の角を象《かたど》った脇立《わきだて》をつけた「大水牛脇立兜《だいすいぎゅうわきだてのかぶと》」は浦野半左衛門勝元が黒田長政に仕えるときに献上した兜で、長政が愛用していた。朝鮮出兵の折りに福島政則と不和になり、帰国後、和解のために政則愛用の「一《いち》の谷形兜《たになりかぶと》」とこの兜を交換している。

黒田一成の兜，銀大中刳大盔旗脇立頭形兜（安土・桃山時代。藤本健八氏撮影，福岡市博物館蔵）

源義経が「鹿が下りるこの崖を馬が下りられぬ道理があるか」と鵯越《ひよどりご》しから駆け下りて平家に勝利した「鵯越の逆落とし」で有名な一ノ谷の断崖絶壁を象ったこの兜を、長政は関ケ原、大坂夏の陣で着用して勝利を得た。後の歴代福岡藩主は「大水牛脇立兜」と「一の谷形兜」、如水の「合子形兜《ごうすなりかぶと》」

をベースにデザインした兜を着用しているが、始祖如水、藩祖長政への思いが感じられることである。また、黒田家重臣、黒田一成《かずなり》着用の兜はいかにも派手であった。巨大な銀の中刳《なかぐり》（円形の縁を残して切り抜いた飾り）を脇立にした兜で、その脇立弦長は一〇三・三センチもある。関ケ原合戦の前の「合渡《ごうど》の合戦」で、あまりにも目立ち過ぎ、遠方から狙撃されて危うい目に遭遇している。

さて、確かに武士は論功行賞を念頭に、変わり兜で駆け巡り勇敢に戦った。戦いは常に一戦一死の覚悟であったに違いない。私には華やかな変わり兜は、恩賞目的だけでなく、死に臨む武士の死装束の側面があったと思えてならない。武士の死生観、美意識の表現とも思えるのである。また、戦いの歴史は、いつも総大将の功績で語られ、粗末な和紙製の胴などを身にまとい犠牲となった多くの農民たちが歴史の表舞台に立つことはない。この地で行われた数々の合戦も、名もなく倒れた武士や多数の農民の犠牲者の上に終息したのである。忘れてはならない戦いの一面である。

香椎宮の駐車場奥の「香椎鎧兜製作研究会」の表札が掛かる小さい建物を訪ねると、約二十名の市民グループの方々が鎧・兜づくりを楽しんでおられる。古代兜から水牛脇立兜まで実に立派な鎧・兜をつくり、幅広い活動はテレビなどでも紹介されていると聞く。西洋の鎧・兜は防護を重視した一枚の鉄板で銃弾に強い構造であるが、日本の鎧・兜は革、紐などを貼り合わせて動作性を重視した構造に特徴がある。それゆえに細かい手作業が多く、大変な労力を伴い、重量も相当である。兜の奇抜な姿に目を奪われるが、これだけの重さの鎧・兜を身にまとい戦う武士の苦労も大変であった。

さて、戦いの主役となった鉄を探ってきたが、近所を散策中に野間呂大神と刻まれた石碑（再建）が目に入った。なぜか撤去されてしまったが、その昔、沼地であったこの辺りで足を取られた乗馬が身動きできずにいるところを槍で刺し殺された人がいて、この人を弔う板石の祠があり、石の御神体を祀っていた場所である。なぜかその後、無事帰還、徴兵逃れのご利益が信じられるようになり、たくさんの人々が願掛けに訪れていたらしい。小さな鉄板の鳥居を奉納して願掛けが行われたため、いつも多数の鉄板の鳥居が掲げられていたという。戦いの象徴でもあった鉄が、ここでは安全を願い平和を託すために使われていた。軍国主義の時代に、平和を願う思いを小さな鉄板に託して「ノマドンサン」と親しまれた神様を訪ねた人々にご利益があったことを願わずにはおれない。

今はなき野間呂大神の石碑（福岡市東区）

鉄の山

犬鳴山の製鉄所

国道二〇一号線を博多から直方方面に向かうには、聳え立つ犬鳴峠を越えなければならない。急な曲がり坂を進み、長い犬鳴トンネルを抜けると、砦のような威容のダムが現れる。平成五（一九九三）年三月に完成した高さ七六・五メートル、総貯水量五〇〇万立方メートルの重力式コンクリートダムである。案内板には水底に眠る文化財として水車小屋、犬鳴分校跡、犬鳴焼釜跡、木炭窯跡、タタラ谷鉄山跡と記されている。

直方市に住み、この峡谷をよく通った私は、水の色に谷の深さを思い、底深く沈んだ当時の風景が蘇る。

「犬鳴山で漁師が犬をつれて猟をしていた。犬が激しく鳴き続けるので獲物が捕れぬと、この犬を鉄砲で撃ったそうな。ふと上を見上げると、一丈五、六尺（約五メートル）ほどの大蛇が姿を現した。犬が鳴いて危険を知らせたものを、誤って撃ったことに猟師は後悔した。猟師は鉄砲を捨てお坊さんになり、この山に犬の塔を建てたそうな」（『筑前名所図会』）

砦のように大きな犬鳴ダム

「犬鳴」の地名の由来が案内板に記されていたが、一説には山が険阻で犬でさえ越えられずに鳴き叫んだとの由来も伝わるように、四面深緑を以て囲まれた幽谷の地である。

「山中に多々良谷といふ所有、昔此所にて鐵をほりしといふ、また久三谷にも金山地有」

(『筑前国続風土記拾遺』)

「村の東に町踏鞴谷にあり。何つの頃か。宗像郡畦町。本木。遠賀郡芦屋邉の山中より。鐵砂多く流出す。是を取来り。此山にて踏鞴を設けて。鍛して棹鐵とす。故に踏鞴谷と云。奈良屋某。其事に任す。野北。小田。宮浦。糟屋郡那多。宗像郡福間。遠賀郡脇田等より。鐵砂を揀取て。此所にて。鐵を製す。明治元年戊辰。休山す。博多釜工瀬戸某。其後を継て。銑を製せしか。是も五年にして。休歇せり」(『福岡県地理全誌』)

　多々良川上流域に踏鞴谷の地名が所在し、いにしえは鉄を掘り出して製鉄が行われたとある。残念ながら、この地の製鉄開始は定かではないが、幕末に福岡藩の御用鉄山として再び製鉄が行われたのは数々の文書によって明らかで、近世のたたら製鉄を知る上で貴重な史料である。福岡藩は殖産政策の一環として犬鳴鉄山（日原鉄山）の他、真名子《まなご》鉄山、渡鉄山（恋の浦鉄山）を経営する。犬鳴鉄山は石見国（現島根県）から利右衛門、嘉平などを招致して安政元（一八五四）年に操業を開始、十年後の元治元（一八六四）年三月三日で中止となる。

文久二（一八六二）年の「石見国鉄砂山　鈩床張次第　御国鉄砂有所」（加藤文書）に「筑前国鉄砂有所」として鉄砂のある所が図示されている。最初に鞍手郡（宗像郡の間違いとも）、次に山鹿（遠賀郡）より脇ノ浦まで、冷水峠から遠賀川の中流域の木屋瀬まで、糟屋郡立花山、志摩郡、怡土郡など各地の砂鉄の状況が記され、次いで「鉄砂吹方調合之事」では山砂鉄、川砂鉄などの調合について「砂鉄の善し悪しを見分けるのが大事で、木炭の調合は、浜砂鉄なら松炭、山砂鉄なら雑炭、雑炭ならくぬきの木が上等である」と記されている。この他に「鑪吹床伝」なども含まれており、近代たたら製鉄を調査する上で極めて貴重な史料である。

日原の地名については「此の山すべて火平」（『筑前国続風土記』）ともあり、もともとの地名だった火平が後に日原に転化したと推察されるが、たたらの火との関連を思わずにはおれない。また、「船の櫓梶炭薪を多く切出しける」（『犬鳴山古実』一七二九年）ともあり、船材などの供給源で、古代においても度々伐採されたに違いない。犬鳴鉄山ででき上がった鉄は「博多土居町釜屋、深見惣右衛門に卸渡し」（藤嶋利平文書の「犬鳴鉄山由来書」）と、久原の百姓に申しつけて釜屋深見惣右衛門に卸しているが、深見の名は博多を代表する鋳造所として知られ、東公園（福岡市東区）の日蓮上人の台座のレリーフにもその名が見える。

ここで数々の貴重な史料が残る犬鳴製鉄跡の意味することを考えたい。この製鉄所は、高殿《たかどの》を持ち、製鉄炉の地下には大規模な保温・防湿設備を設置し、天秤ふいごで送風した製鉄法、いわば近世たたら製鉄法が中国地方で確立した後に、先進地の石見国から技術者を招聘し、安政元年に操業を開始している。この地に精錬所を設けたのは、技術者の視点からも、たたら製鉄を行う諸条件をこの地が完備していたからに違いない。

深緑に囲まれた一大盆地ゆえに木炭用の木材は豊富で、花崗岩質の土壌には良質の砂鉄が豊富に存在していた。でき上がった鉄を長崎に送り試験をしたところ「教師ハンテン――大に賞賛いたしました」（『福岡藩精錬所記録』一八九四年）とあるように、誠に良質な鉄をつくっていたと思われる。藩内十三カ所から砂鉄を取り寄せたのは、幕末時の動乱に対応するためにまさに大量の鉄生産を目指したのであろうが、残念ながらこの地の製鉄は幕末時の近代製鉄導入の際、華々しい活躍を見せることはなかった。

この製鉄事業に大いに尽力した福岡藩家老加藤司書は、幕末の動乱時に優れた識見で貢献するものの、佐幕派の讒言《ざんげん》により慶応元（一八六五）年十月切腹、ときに三十六歳の若さであった。彼の功績を称え、その名を長く残すため、精錬所跡が眠る湖は「司書の湖」と命名された。その司書の湖の最奥部から山に入ると、御別館跡には大手門や搦手門《からめて》、石垣などが残り、司書の記念碑が立つ。そこに至る手前に、たたら職人の墓といわれる旅人墓が草に埋もれている。近寄ると祟りがあるとの伝承が残る。

桂の木

犬鳴には、「桂木谷（今人参谷と云）といふ所に国君より人参を植へさせらる」（『筑前国続風土記拾遺』）と記されているように、人参谷の地名があった。黒田家は先に触れたように、秘伝の目薬から家を興した経緯より薬草栽培などにとりわけ熱心で、人参奉行も存在し、寛延元（一七四八）年には朝鮮人参の栽培が始まっているが、私が興味を抱くのは人参谷ではなく桂木谷の地名である。

桂の木は、たたら信仰の金屋子神《かなやご》がこの木を伝って降りてくるといわれる神木で、たたら場には必ず植樹されるが、神木ゆえにたたらでは決してこの木を燃やすことはないと伝わる。司馬遼太郎氏は『街道をゆく』（朝日新聞社）の「砂鉄のみち」の中で、桂の木が中国や朝鮮に存在しないことから、この信仰は中世の臭いが濃く、古代へは遡れそうにないと記している。私は桂の木に直接的に古代の臭いがしなくとも、この名がつく地には木炭や砂鉄などの鉄精錬用資源や自然的諸条件が太古より存在したことに思いがゆく。私には古代鉄の臭いが微かにするのである。

古来より鉄づくりは厳しい作業ゆえに「神事」として行われ、それゆえに、たたら場独特の信仰を育んできたが、このたたら信仰の中心をなすのが金屋子神である。

この神様は数多くの禁忌《きんき》を持つが、その中でいささか興味深い話がある。女神といわれる金屋子神は同性の女性を嫌うので、村下は妻が月経のときや産後はたたら場へは決して入らず、また、死人が出るとたたらの中で棺桶をつくり、葬式のときは死体や棺桶を担いでたたらの前を歩いて回り、さらには鉄がどうしても湧かないときには、四方の柱に死体を、あるいは村下の骨を立てかけよとの神託があったとも伝わる。

どうやら、たたらには死の忌《い》みはなく、むしろ好まれているようだが、これらは優れた鉄づくりの困難さを証明する逸話である。「四本柱といふ所にあり。いにしへ、鐵を掘出してふきしとぞ。（字をタタラ谷といふ。）又久三谷と云所に金山の跡といふ有り。古へ金をほり出せし址なるへし」（『筑前国続風土記附録』）。四本柱の地名が残るように、この地でも鉄を湧かすために奇怪な神事がなされたのであろう。また、鳥取県日野郡には、金屋子さんが桂の木を伝って降りてきたときに犬に吠えられ、驚いて蔦《つた》を伝って逃げようとしたが、蔦が切れて犬に噛まれて亡くなったと、神様にしては非常に人間臭い話が伝わっており、たたら場には決して犬を入れることはなかった。

「犬鳴」や「桂の木」、「四本柱」の地名は、この地の古代のたたら製鉄の存在を臭わせている。

鉄と老人

ここである方を紹介したい。私がこの地の鉄の歴史、古代鉄の浪漫にアプローチしているときに色々な方と知遇を得たが、そのうちのお一人が黒木雅生氏である。この方は「九州考古学の父」と呼ばれた中山平次郎博士の後を引き継ぎ、多大な功績を残された九州大学の原田大六教授の戦友で、教授と一緒に久しく鉄を中心に郷土史を研究されてきた方である。鍛冶屋の息子として生まれ、長年鉄工所を経営しておられたが、経営は息子さんに委ね、今は鉄の研究に専念されておられる。

　ＪＲ筑前新宮駅から徒歩で五分ほどの国道三号線沿いに、私財を投じて私設資料館を開いておられるので訪ねてみた。豊富な写真や鉄資料、神話の解説など、子供にも理解できるような、氏手づくりの丁寧な解説書を拝見すると、氏の鉄への深い愛情が感じられる。

新宮町の私設資料館前にて，黒木雅生氏と

　楽しい時間を過ごさせていただいたが、『古事記』、『日本書紀』の神々の話など拝聴しながら興味深いことに気づいた。多々良川周辺をよく散策している私は八田《はった》の貴船《きふね》神社（福岡市東区）を知り、卑弥呼の時代から命を賭して大海原を渡った倭人を思い、航海の無事を祈願する神社と結びつけ、さらに、多々良川上流を歩いて宇美町炭焼《すみやき》に同じ貴船神社を見つけた。『貴船神社由来記』によれば、「祭神はいずれも龍神すなわち水神、雨乞いの神、祈雨・止雨の神として併祀する。今からおよそ千五百有余年前に京都貴船山に鎮座する貴船神社総本山は古代『木船』とも『貴布禰』とも称し祭祀されていたが、明治四（一八七一）年に『貴船』と改められた」（要約）ということである。航海族の住むこの地に相応しいとそれなりに納得したのであるが、氏の著書にも、同様の経過で、これらの貴船神社が紹介されていた。

私が歩き訪ねた道の先には、ノートを片手にベレー帽、ジャンパー姿の黒木氏がいたのである。その黒木氏より多々良川上流地、久山町久原の白山宮に鉄の御神体が置かれていると紹介していただいたのでさっそく訪ねた。周りを鬱蒼と神木に覆われた白山宮の鉄の神体らしきものを探し出し、さっそく磁石を取り出すと確かに引っつく。鉄に間違いない。少し離れた上久原にも小さな祠が祀られているが、これも鉄である。残念ながらいつごろから祀られているのか、また御神名などは不明であるが、氏がいうように、この地には「かじ」の地名があり、いかにも鉄との関わり深い地である。

なお、不幸にも氏の資料館は火災に遭遇し、貴重な展示品や氏手づくりの資料などが消失してしまった。誠に残念で、同情に堪えないが、再起を期していただきたい。

近代製鉄法

ペリー来航

四方を海に囲まれた我が国が海防の意識を持つに至ったのはいつごろであろう。おそらく元寇文永の役（一二七四年）のときではなかろうか。このとき、初めて火砲に遭遇し、その様子は「蒙古襲来絵詞《もうこしゅうらいえことば》」（竹崎季長《たけさきすえなが》）に描かれているように悲惨な戦いであった。ゆえに香椎の地から今津までの約一六キロの海岸線に防塁を築くが、この大掛かりな土木工事に、ときの執権、北条時宗の大きな危機意識が見て取れる。次に攻められた弘安の役（一二八一年）で元軍に突破されなかったことから防塁はそれなりに効果があったといえよう。もっとも真意のほどは別として「神風」がまことしやかに信じられてきたが、このような意識が長く海防の備えを怠った因といえなくもない。

泰平のねむりをさますじょうきせんたった四はいで夜も寝られず

上等のお茶「正喜撰《じょうきせん》」を蒸気船に掛けた狂歌であるが、当時の慌てふためいた様子をよく表している。徳川幕府の鎖国政策で、いわば眠りについたままの我が国は、再び驚異をもって来訪者を迎えた。嘉永六（一八五三）年、合衆国東インド艦隊司令長官ペリーが率いる四隻の船は、防腐のためにタールを塗られた黒い船体の軍艦「黒船」である。二隻は帆船とはいえ、旗艦サスクエハナは二五〇〇トン、ミシシッピは一七〇〇トン、高い煙突からもうもうと黒煙を上げて海を走る巨大な蒸気軍艦であった。射程距離の長い強力な鉄製大砲を備えた近代船で、これを迎えた我が国の砲弾はわずか十六発の乏しい備えしかなかったことが、浦和奉行所の報告書に記されている。

賢明と名の高い阿部伊勢守正弘にしても、「軍艦、蒸気船とも五、六十隻取り揃えて差し出し候よう出島カピタンへ申し達し候よう致すべし」と長崎奉行に命令するが、高価な軍艦を大量に注文できる国力はなく、操船技術も全く未知であったのに思いも寄らなかったとは、動転し慌てふためいたというしかない。老中たちはただ無知で、六百年近くも眠ったままであった。佐久間象山は直ちに横浜に入り、井伊直弼は急遽呼び戻され、隠居していた実力者徳川斉昭も表舞台に復帰した。ときに坂本龍馬十九歳、高杉晋作は十五歳である。舞台はついに「幕末」へと突入するのである。

日本最初の反射炉

「大砲と軍艦」で覚醒した我が国は幕末の動乱を迎え、「明治」の近代国家へと突き進むが、これより前、アヘン戦争（一八四〇－四二年）で中国がイギリスに敗北したことは我が国の有識者に大きな衝撃を与え、西洋の科学技術の導入が試みられていた。
『維新と科学』（武田楠雄、岩波新書）に蒸気船建造を始めとする西洋技術導入に関して詳しいが、ここまで我が国を支え続けたたたら製鉄はどのような影響を受けたであろう。最初に試みたのは、それまで主流の青銅砲を強力な鉄製大砲に置き換えることで、このためにオランダ陸軍ウーリッヒ・ヒュゲニン少将が著した"Het Gietwezen in 's Rijks Iizer-geschutgieterij,te Luik"（リエージェ国立鋳砲所における鋳造法。一八二六年）を入手し、『鉄熕《てつこう》全書』、『西洋鉄熕鋳造篇』、『鉄熕鋳鑑《ちゅうかん》図』の三種の翻訳書が出版される。近代国家へと変貌を遂げる日本にとって、この本はいかにも貴重であった。見方を変えると、八代将軍徳川吉宗が洋書の輸入禁止を緩和し、蘭学を奨励した功績は誠に大きく、彼の優れた識見が示されている。

この本は序論に始まり「誘導編」、「鉱鉄を録す」、「銑鉄《せんてつ》を精製する」、「鋳鉄を録す」とあり、この後、鋳砲、弾丸製造に関する巻が続く。本に書かれた鉄製砲の製法は、まず鉄鉱石を溶鉱炉で溶かして銑鉄をつくり、次いで反射炉で再溶解して砲身を鋳造、それから鑚開台《さんかいだい》という穴あけ機械で弾を詰めるための砲腔《ほうこう》を開けるというものであった。つまり、鉄製砲の製作には溶鉱炉、反射炉、鑚開台の設備・機械が必要であった。各藩は専ら、鉄原料はたたら製鉄で賄えると考えたことから溶鉱炉の必要性はさほど感じず、反射炉製造に着手する。

オランダ語でレベルベートト・オーヘン（reberatory furanance）、反射炉と訳される。反射炉とは一般にはあまり馴染みがないが、名の由来は、弓状天井の作用で木炭の燃焼熱を反射して金属を融解、鋳造することによる。要するに従来のこしき炉では対応できなかった多量の鉄を溶かす再溶解炉である。最初の反射炉操業の名誉を得たのは佐賀藩で、技術書こそ海外に仰いだものの、次の「御鋳立方の七賢人」を中心に材料や設備などすべて自前での挑戦であった。

杉谷擁介（蘭学者）
馬場栄作（和算家）
田代孫三郎（会計）
田中虎六郎（技術）
谷口弥右衛門（鋳工頭梁）
橋本新左衛門（刀鍛冶）

蘭学者杉谷擁介《ようすけ》は『西洋鉄熕鋳造篇』の翻訳者の一人だが、それにしても在来技術の枠を集約した興味深い人選である。佐賀藩の反射炉は島根県石見産の鉄を原料とするが、原料を砂鉄に求めたことにより思わぬ困難に遭遇している。嘉永三（一八五〇）年に築造された反射炉は、鋳込んだ砲身が試射と同時に破裂するなどの失敗を十六回も重ねるなど散々な目に遭う。しかし、こしき炉で性質を変え、輸入鉄を用いるなどの必死の努力が実り、ついに五年後、二四ポンド砲、翌年にはさらに三六ポンド砲の鋳造に成功、日本最初の鉄製砲誕生となった。そしてこれが、後に江戸上野の山に籠もった彰義隊をわずか十二発で殲滅させたアームストロング砲伝説に繋がるのである。

各藩は佐賀藩の成功に大いに刺激を受け、また、自信も得たであろう。次に薩摩藩が翻訳本をもとに築造に取りかかるが、失敗に次ぐ失敗で絶望的な状態に置かれたのも度々であった。そのとき、開明君主斉彬《なりあきら》が「西洋人も人なり、佐賀人も人なり、薩摩人も同じく人なり」と叱咤激励した話はよく知られる。これより反射炉築造は佐賀藩、薩摩藩に次いで幕府（韮山《にらやま》）、水戸（那珂湊《なかみなと》）、鳥取（六尾《むつお》）と各地に次々に築造されるが、注目すべきは斉彬が、「日本古来の銑鉄はその質精良ならず、鋳砲の料に供しがたく、依て洋法の銑を製せざれば反射窟の用をなさざるに依り」（『島津斉彬言行録』）という考えのもと、果敢に溶鉱炉築造に臨んだことである。藩内の鉄鉱石や砂鉄を原料に、水車動力による木炭、石炭併用の溶鉱炉を苦心惨憺の末、何とか成功に導き、ついに安政元（一八五四）年七月、溶鉱炉の火が灯り、今日の輝かしい「鉄の時代」の幕開けの契機となった。

築地反射炉跡（復元模型。佐賀市長瀬町・日新小学校校庭内）

これより五年後の斉彬の急死、さらには文久三（一八六三）年に突発した薩英戦争で、高炉は本格的操業に至る前に破壊され、我が国最初の溶鉱炉もあえなく消滅してしまった。薩摩藩の溶鉱炉は本格的操業には至らず、歴史的評価は難しい面もあるが、製鉄史上輝かしい実績には違いない。

大島高任の功績

さて、薩摩藩より遅れること三年、安政四（一八五七）年十二月、薩摩の地より遠く離れた南部藩釜石にて溶鉱炉の火が再び灯った。ベッセマーが転炉製鋼を発表した翌年で、ベッセマー鋼でつくられた世界最初のレールがイギリスに敷かれた記念すべき年である。釜石は我が国の近代製鉄の出発地として燦然と名を残すが、いかなる由縁であろう。ここでは初代日本鉱業会長を務めた盛岡生まれの洋学者大島高任《たかとう》の業績をまず挙げなければならない。

文政九（一八二六）年五月十一日、南部藩藩医の家に生まれた彼は、十一歳より江戸や長崎に留学して蘭学を修めるとともに西洋の兵法や砲術、採鉱や冶金《やきん》術などを学んでいる。その後、水戸藩主徳川斉昭に請われて、西洋式大砲を鋳造する反射炉の築造・操業では主任技術者としてその任に当たり、見事一回で成功させた。この水戸藩の反射炉は今も完全な形で残る貴重な産業遺跡となっている。

彼は西洋の大砲に太刀打ちするには砂鉄産ではなく鉄鉱石原料の銑鉄を供給すべきという斬

新な考えを持ち、反射炉成功の後、直ちに郷里南部藩にて高炉築造に取り掛かった。いわば水戸藩の反射炉のために高炉による銑鉄を南部藩が供給する態勢である。製鉄技術を今日に繋がる総合的な生産システムと捉えた、誠に優れた技術者である。高炉はついに安政四年十一月に完成、十二月一日に火入れ式を行い初出銑となった。この輝かしい業績を記念して、後にこの日を「鉄の記念日」と定め、今日に至っている。

さて、彼が生まれ育った東北地方には古くより「餅鉄、すなわち餅のごとき岩鉄」と呼ばれる鉄鉱石の存在があった。この餅鉄は七〇パーセントほどの鉄分が含有された不純物の少ない理想的な原料であるが、似たような鉱石は北九州にもあり「くろがね石」と呼ばれる。この良質な鉄鉱石や豊富な森林に恵まれていたことが高炉建設の適地と考えられた理由である。この地には古くより餅鉄を精錬してきた歴史があり、大島高任の思想にも大きく影響を与えたであろう。

ヒュゲニンの原書に記された高炉と高任が築造した高炉の姿、形には、炉壁の角度や炉の高さなど、いくらかの相違点が見られるのである。一体に外来技術をそのまま移築しても成功は難しい。官営八幡《やはた》製鉄所建設に至ってはドイツより格段の優遇条件で技術者を迎え入れたものの、見事に失敗に終わったことでも知れる。彼は南部藩の餅鉄、木炭などの特性を炉づくりに巧みに採り入れており、製鉄に成功したことは優れた技術者としての彼の資質を証すものである。後に、彼は蘭学、医学、砲術などを学ぶ日進堂を創設、我が国初の技師学校（現東京大学工学部）創設に携わるなど多方面に大きな功績を残している。

ただ、高任の果敢な挑戦で、高炉での鉄づくりに成功したとはいえ、銑鉄の日産量はたたら製鉄と大差ないものであった。しかし、三日ないし四日の一代《ひとよ》の操業を終わると炉を取り崩し、再び炉を築造する、手間暇かかるたたら製鉄に比べれば、一度築造すると炉を取り壊す必要もなく連続操業が可能な高炉の優位性は明らかである。これより明治初年にかけて十二基もの洋式高炉がこの地に聳え立ち、近代製鉄法の夜明けを本格的に迎えるが、燃料には木炭、ふいごは水力を用いる従来の方法で、経済的採算が合わず残念ながら閉鎖されてしまう。初めて現代の製鉄技術に繋がるコークス製鉄が確立するのは、田中長兵衛によってこれらの高炉が釜石鉱山田中製鉄所に引き継がれてから後である。

黒田長溥と精錬所

以上の幕末から洋式高炉導入までの動乱の製鉄史に、なぜか、福岡藩の華々しい登場は見られない。佐賀藩、薩摩藩の先駆的意義は誠に大きいが、この地は依然として泰平の眠りのままであったのだろうか。佐賀藩は寛永十九（一六四二）年に外国文化の窓口であった長崎の警備を命じられ「長崎御番」と呼ばれる勤めを果たすが、福岡藩はその前年より、佐賀藩と一年交代で幕末まで勤めている。この警備役は役目柄、西欧文化に直接触れる機会が多かった。また、薩摩藩は琉球貿易を通じて海外情勢と文化に触れていた。

この時期、西洋文化に強い関心を示して蘭癖《らんぺき》大名と呼ばれる藩主たちが各地に誕生するが、中でも福岡藩主黒田長溥《ながひろ》はその筆頭といわれる藩主であった。

長溥は第八代薩摩藩主島津重豪《しげひで》の九男として誕生し、十二歳のときに養子になり、二十四歳で福岡藩主に就任している。父重豪はシーボルトとも親交を持つ開明派の大物で、養父斉清《なりきよ》も洋学好きの学者殿様であった。長溥と養父斉清は長崎御番として長崎に入り、シーボルトとも知遇を得るが、このような経験から国際情勢を的確に見抜いて、近代的な西洋技術導入の必要性を痛感するのである。

勝海舟の談話を収録した『氷川清話』には、幕府時代に最も早く西洋に関心を抱いたのは長溥候であると記されているが、ペリー来航の折りには米国の国書に対する幕府への建白書に、数少ない開国派として、米国の要求を受け入れて通商を開くべきとの積極開国論をきっぱりと述べている。随一ともいわれる開明君主を藩主に抱いた福岡の地が、幕末製鉄史上で登場しないのは何とも不思議である。

弘化四（一八四七）年、長溥は中島町（現在の中洲）の畑の中に福岡藩精錬所を開いた。国防の観点から強力な大砲を積載した軍船建造が急務の目標であったが、究極には西洋の科学技術全般に追いつき追い越すことがあった。鉄砲、火薬の研究、ガラス、鉱物の研究などの他、時計や写真術、医薬品や博多織などの殖産事業も手がけている。今でいう総合科学研究所である。長崎より優秀な技術者を迎え、また、藩内の能力ある人物を長崎に送り出し、多岐にわたっての西洋技術習得に努めた。

このような研究所に当たる発想は鍋島直正《なおまさ》、島津斉彬両藩主もすでに抱いており、佐賀藩では精錬方、薩摩藩では集成館《しゅうせいかん》が誕生した。佐賀藩お抱えの田中儀右衛門《ぎえもん》（久重《ひさしげ》）は精錬方の研究スタッフで、維新後、東京に出て田中製作所を設立、電気機器の製作に当たり、現在の東芝の礎を築いた人物である。

薩摩藩の集成館は規模も大きく、現在も薩摩藩別邸の磯庭園に、精巧な通風穴を持つ反射炉跡が残り、また記念館には砲身に穴を空ける鑽開台など、数々の貴重な陳列品が並んでいる。その一角に赤、青の深みある色が見事にガラスに溶け込み、幾何学的なカット模様が何ともいえない調和を醸し出す伝統工芸の「薩摩切り子」が販売されていた。福岡藩でも切り子の製造に取り組んだものの、どうしても綺麗な紅色がつくれなかったとの話も残る。

福岡藩の反射炉

開明君主黒田長溥は、当然ながら反射炉築造に着手した。犬鳴や遠賀郡の真名子《まなご》村（現北九州市八幡西区）に製鉄所を設け、精錬所にて煉瓦の研究を行い、反射炉は鋳物師磯野七平《いそのしちへい》の作業場に試験用として建てられた。この磯野家は天正十五（一五八七）年、博多の町の再興以来、連綿と続いてきた土居《どい》町の鋳造業者で、当主は代々七兵衛または七平を襲名している。

十一代目磯野七平は十五歳にして家業を継ぎ、明治二十七（一八九四）年、博多電灯株式会社を設立、会長に就任して今日の九州電力株式会社の基礎を築き、その前年には第二代福岡市長に就任、在職期間は二年間と短期間であったが、博多築港、博多湾鉄道を計画するなど福岡市発展の基礎を築いた人物である。

反射炉築造に当たったのはその父七平で、藩主長溥の信頼厚く、精錬所研究員として長崎にも留学して学んだ知識人であった。磯野鋳造所と、遅れて創業した深見鋳造所がつくり出した鋤、鍬などの刃先は堅牢で摩耗も少なく硬い土壌にも適していたのであろう。この優れた農器は博多鋳物として全国に名を挙げ、国内はもとより海外にも輸出するほどであった。『博多郷土史事典』（井上精三、葦書房）によると、明治四十五年の記録に市内鋳物製造業者は五十三戸とあり、まさに博多は鋳物街の感があった。

吉永小百合主演の映画「キューポラのある街」は埼玉県の鋳物街、川口市が舞台の映画であった。博多の街もキューポラの煙が立ち上がる川口市のような風情であったろう。古老に聞いた話では、多々良川周辺には鋳物を扱う業者も多かったらしいが、今はその佇まいとはずいぶん異なる風景となってしまった。

磯野、深見両鋳造所は農機具だけでなく、銅像や梵鐘など多くの鋳物を製作しているが、東公園の日蓮上人銅像の台座の鋳物レリーフ、宮地嶽神社（福津市）の手水鉢や天水鉢などに深見鋳造所の名が見える。ちなみに、日蓮上人像は、先に述べた佐賀藩の「御鋳立方の七賢人」の一人、谷口弥右衛門が創業、後に九州五大鉄工所の一つになった谷口鉄工所が鋳造・組み立てを行っている。

一方、私は磯野鋳造所の名がある鋳物をまだ探し出せていない。ただ、昭和十九（一九四四）年七月、軍命令で徴収され、今は石座だけが残る称名寺《しょうみょうじ》（福岡市東区）の座高約六メートル、重量約一五トンの全国第三位の高さを誇った「博多大仏」が磯野鋳造所によって製作されている。少し余裕ができたら、磯野鋳造所の足跡を辿りながら銅像、梵鐘巡りの旅を楽しみたい。

さて、長溥期待の反射炉は残念ながら本格的操業に至る前に挫折の憂き目に遭っているが、これはどのような理由によるものであろう。

深見平次郎の名が刻まれた日蓮上人銅像の鋳物レリーフ（福岡市東区・東公園）

第一の理由は、反射炉築造は莫大な経費を伴う事業で、藩財政が困窮に追い込まれることにあった。しかし、このような事情は佐賀、薩摩両藩も同様であり、薩摩藩では斉彬が藩主に就任すれば藩財政を破綻させてしまうとの懸念から、お由良《ゆら》騒動などが生じて藩主就任が大幅に遅れたほどである。長溥は斉彬とは血縁関係にあり、幼少時には一緒に育ち、終生仲が良かったが、藩主就任は長溥が早かった。にもかかわ

ビルに挟まれひっそりと立つ福岡藩精錬所跡の碑（福岡市博多区）

らず遅れを取ったのは、養子として迎えられた立場に因を求めざるを得ない。家臣に時代を見抜き西洋技術導入を理解できる者が少なく、様々な頑強な抵抗を排して強力なリーダシップを発揮するには限界があったに違いない。明治維新では幕府方に回るなど、その後のこの殿様の歩みは、まさに悲運の藩主といえよう。

藩主長溥の志は高かったものの結果的には大した実績を残せず、中洲のビルの柱に挟まれた福岡藩精錬所跡の石碑を残すのみで、道行く人も気づかずに通り過ぎてしまう。再び福岡の地が脚光を浴びるのは、明治三十四（一九〇一）年、遠賀郡八幡村に鉄鋼一貫製鉄所の官営八幡製鉄所が誕生したときである。

この年、日本を新しい時代へ引っ張った「最も強力な蒸気機関車」であった福沢諭吉が亡くなり、釜石鉱山田中製鉄所の創始者田中長兵衛と日本製鉄史の父と呼ばれた大島高任も生涯を閉じた。ここに、たたら鉄が支えた十九世紀の「明治」は終焉を迎え、八幡製鉄所操業とともに「鉄は国家なり」の二十世紀に突き進む。しかし、大島高任が釜石にて操業を開始して以来、現在に至るまでの苦労は並大抵ではない。ここでは近代製鉄史には触れないものの、明治三十七年の日露戦争勃発で鉄需要が逼迫していたときでさえ、高炉からは一トンの鉄も生み出せなかったことを記しておきたい。

大砲の音

さて、鉄製大砲製造は国防の要であった。このためにたたら製鉄を放棄し、洋式製鉄法の導入を目指し苦難の歴史を辿ったのである。

軍艦「摂津」の砲身（香椎宮）

香椎宮本殿右側に幾分茶色がかった長さ四メートルほどの鉄製砲身が置かれている。昭和二十（一九四五）年一月十二日、三百有余機の攻撃を受けて仏印キノン沖で撃沈され千余名もの犠牲者を出した練習巡洋艦「香椎」の砲身かとも思ったが、この砲身は大正十一（一九二二）年に貞明（大正）皇后が香椎宮を参拝した際の御召鑑「摂津」の砲身であった。「摂津」は当時の最新鋭軍艦だが、皇后訪問の翌年にワシントンで開催された軍縮会議で日本軍艦削減が決まり、その犠牲となった。

ペリー来航以来、世界の強国に対抗するために、鉄製大砲を自力でつくり出そうと幾多の困難を克服し、近代製鉄法を導入した有識者や技術者たちの苦労を思うと、少々複雑な感慨がこみ上げるが、雨ざらしの砲身の姿は余計に切ない侘びしさを偲ばせている。

一方、博多の街には市民に愛され親しまれた大砲があった。明治二十一（一八八八）年、初めて街に轟いた一発は、時間を市民に知らせる長さ八尺ほどの青銅砲である。残念ながら明治二十三年には号砲会社の経営難により打ち切られたが、晴れ渡った空気に響くドンという乾いた音は、いつしか市民の生活の一部になっていたのであろう。市民の復活を願う要望が強く、二年後に市運営で復活した。さすがに昭和六（一九三一）年にはサイレンに取って代わられて姿を消すが、長く西公園のドンとして市民に親しまれた大砲である。

また、西公園のドンと同様に、横浜でも正午の時刻を市民に知らせる大砲が撃たれていた。博多を代表する祭りのどんたくは zondag（日曜日）のオランダ語を語源とするが、「半ドン」は土曜日を意味する一方、市民にお昼を知らせる大砲のドンでもあった。

それにしても、ただ一冊の蘭書の翻訳から挑戦をし、幾多の困難を克服しながら生み出した鉄製砲も、ついには削減に至るまでになった。進取の時代と、蘭癖大名ともいわれた黒田長溥の非運が、雨ざらしの大砲の侘しい姿に重なってしまう。と同時に、ここに至るまでの倭人と呼ばれた先人たちの苦難の道を思うと実に感慨深い。

果たしてこれより先、この地にどのような鉄の歴史が刻まれるであろう。

第

2

章

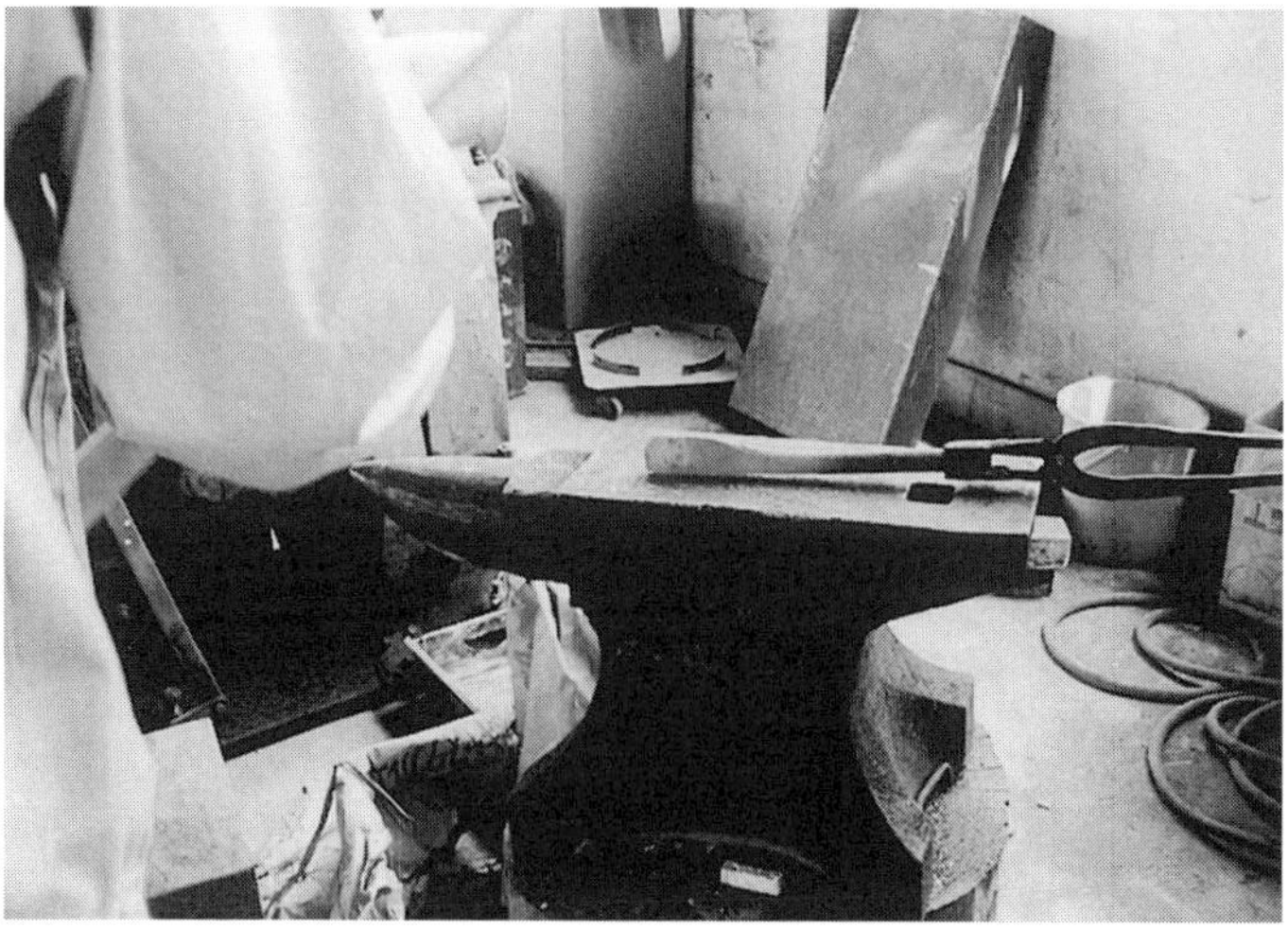

鉄を知る

たたらの地名

たたらの語源

第一章では数々の歴史を秘め、今も流れは続く多々良川より「倭人が求めた鉄」へのアプローチを試み、鉄の話題を探索してきた。鉄を主題にこの地の歩みを眺めると、朝鮮や中国に近い地理的特性ゆえに、日本国家形成に関わる実に興味深い歴史が秘められていたのである。

表は吉田東伍《とうご》博士の『大日本地名辞書』（冨山房）の抜粋であるが、たたらの名は鳥取県を中心とする中国地方や福岡県、熊本県、佐賀県などの北部九州地方、それに岩手県、宮城県などの東北地方に多く分布しており、福岡県内には福岡市東区の他に二丈町《にじょう》にある。このようにたたらの地名は日本各地に数多いが、実際には表以外にも所在しており、類似地名を含めると相当数に上ると考えられる。

このように各地に散在するたたらの地名には、共通の符号となる鉄の存在が大きいように思えるが、必ずしも各地の地名が鉄符号を共有するとは限らない。一例を挙げると、山口県防府《ほうふ》市の多々良の地名は、中世に筑前国を支配するなど勢威を奮い、南北朝時代に独特な山口文化

多田羅《ただら》	栃木県市貝町
多田良《ただら》	千葉県富浦町
多々羅《たたら》	石川県柳田村
鑪《たたら》	長野県長野市
多々羅《たたら》	岐阜県武儀町
多々羅《たたら》	京都府田辺町
鈩《たたら》	島根県邑智町
鈩《たたら》	岡山県作東町
鈩《たたら》	広島県広島市
鈩《たたら》	広島県布野村
多々良《たたら》	山口県豊浦町
鈩《たたら》	山口県長門市
多多羅《たたら》	愛媛県今治市
多々良《たたら》	福岡県立花町
多々羅《たたら》	福岡県二丈町
多田羅《たたら》	福岡県福岡市
多多良《たたら》	佐賀県武雄市
多多良《たたら》	佐賀県伊万里市
多多良《たたら》	熊本県苓北町
多々良《たたら》	熊本県西原村
多々良《たたら》	熊本県大津町
只来《ただらい》	静岡県天竜市
多々良池《たたらいけ》	山口県秋芳町
鑪池《たたらいけ》	鹿児島県高山町
多々良石《たたらいし》	鹿児島県大口市
多々良《たたら》	山口県防府市
陀々羅丘《たたらおか》	宮城県涌谷町
多田良海岸《ただらかいがん》	千葉県富浦町
鑪ケ谷《たたらがやつ》	神奈川県鎌倉市
タタラ川《がわ》	山口県阿東町
多々羅川《たたらがわ》	徳島県徳島市
多多良川《たたらがわ》	福岡県粕屋町
多多良川《たたらがわ》	福岡県篠栗町
多々良木《たたらぎ》	兵庫県朝来町
多々良木《たたらぎ》	大分県天瀬町
多々良木川《たたらぎがわ》	兵庫県朝来町
鈩口《たたらぐち》	鹿児島県東市来町
鈩崎《たたらざき》	島根県益田市
鈩崎《たたらざき》	山口県田万川町
鈩迫《たたらざこ》	鹿児島県坊津町
多多良沢《たたらざわ》	青森県金木町
多多良沢《たたらさわ》	岩手県浄法寺町
多々羅沢《たたらざわ》	秋田県小阿仁村
多多良沢《たたらさわ》	秋田県森吉町
多々羅沢《たたらさわ》	秋田県鷹巣町
鈩沢《たたらざわ》	群馬県藤岡市
鈩沢《たたらさわ》	群馬県子持村
タタラ沢川《さわがわ》	北海道函館市
多々羅島《たたらじま》	鹿児島県東町
多々羅田《たたらだ》	千葉県印西町
鈩谷《たたらだに》	島根県赤来町
鈩戸《たたらど》	鳥取県大山町
鑪鞴堂《たたらどう》	長野県東部町
鈩戸川《たたらどがわ》	鳥取県大山町
鈩戸山《たたらどやま》	鳥取県大山町
多々良沼《たたらぬま》	群馬県館林市
鈩野《たたらの》	岩手県大迫町
タダラノ沢《ざわ》	青森県天間林村
多々良場川《たたらばがわ》	茨城県高萩市
タタラ橋《ばし》	新潟県刈羽村
鈩原《たたらばら》	島根県羽須美村
多多良町《たたらまち》	熊本県水俣市
多々羅岬《たたらみさき》	愛媛県上浦町
タダラ峰《みね》	新潟県両津市
多々羅山《たたらやま》	岩手県山田町
鑪山《たたらやま》	岩手県盛岡市
多々良山《たたらやま》	岩手県山形村
多々良山《たたらやま》	山口県防府市
多々良湾《たたらわん》	広島県宮島町

「たたら」の地名（『大日本地名辞書』より）

を創造した豪族大内氏の祖と呼ばれる百済国聖明王《せいめい》第三子の琳聖《りんしょう》太子が、日本へ渡来して多々良氏を称したことに由来するという説もある。

さて、たたらは『日本書紀』の神功皇后紀に朝鮮の製鉄基地地名として「蹈鞴津《たたらのつ》」と記されていたが、この言葉のそもそもの語源は言語学者や歴史学者の間でも諸説あり、いまだ確定に至っていない。ダッタン語タタトル（猛火のこと）から転化したとの説。フィリピンのタガログ語では丸太舟がタタラで、これに関係するとの説。タタール人は採鉱・冶金の術に長じており、インドから蒙古、朝鮮を経て輸入されたのだろうとの説。砂鉄から直接鋼《はがね》をつくるのはインド人と日本人だけで、サンスクリットのタータラは「熱」を意味する溶鉱炉で、後にふいごや製鉄場を意味するようになったとの説などなど。要するに定かではないのである。

インドより

大野晋氏が『日本語の起源 新版』（岩波新書）で、インド亜大陸の南端とスリランカの東部・北部に住む約五千万人のタミル人が話すタミル語と日本語との関係を詳しく検証し、日本語のタミル語起源説を唱えている。本書には、「地域としては北九州に、時間としては縄文晩期後半に、南インドのモノやコトが日本に到来し、展開した。それらを表わす言語もそれに伴って日本化されて広まった。この激変は、北九州に始まり、西日本から東日本へと拡がって行った」、また、壱岐にはタミル語の村と対応する地名が百例ほど存在することより、「タミル人は家族として日本に来て住んだし、集落を形成した地域もあると考えられる」と記されている。ともあれ、「日本とタミルとの文明史的関係は、わずかな、孤立した関係でなく、朝鮮を含めた『三角関係』として成立していたのである」とあるように、南インドから、朝鮮を通じ「モノ、コト、コトバ」が日本に流入したとしても一向に不思議ではない。

インドのデリー近郊のモスクに立つ、「クッブの柱」と呼ばれる奇妙な鉄柱の存在はよく知られる。直径四〇〇ミリ、地上の高さ六・五メートルほどの細長い鉄柱は、多湿な気候にもかかわらず、千数百年もの間、錆びずに鉄肌の輝きを保ち続けている。そのため信仰の対象ともなり、訪れる観光客に今なお驚きを与えている。錆びない鉄とは何とも神秘的だが、比類なき名剣と称えられる有名なダマスカス剣も、ウーツ鋼（ヨーロッパで呼ばれた名称）と呼ばれるインドの鉄を輸入してダマスカス（シリア）で作刀された由縁から生じた名前で、何よりインドでは中国よりも早く紀元前十三世紀にはすでに鉄がつくられていた。ローマの老プリーニウスも「セーレスの送る鉄が最も優れ、パルティアのものがこれに次ぐ」と称賛しているが、この場合のセーレスとは、異説はあるものの南インドと解するのが妥当で、古くよりこの地には高い製鉄技術が存在していたのである。「たたら」の語源をインドに置くのは、充分過ぎる説得力があるようだ。

さて、たたらというと現在では製鉄炉、製鉄法のイメージを思い描く場合が多いが、製鉄炉をたたらと称するのは近世以後で、それ以前は、たとえば『倭名類聚抄《わみょうるいじゅうしょう》』（九三一－九三八

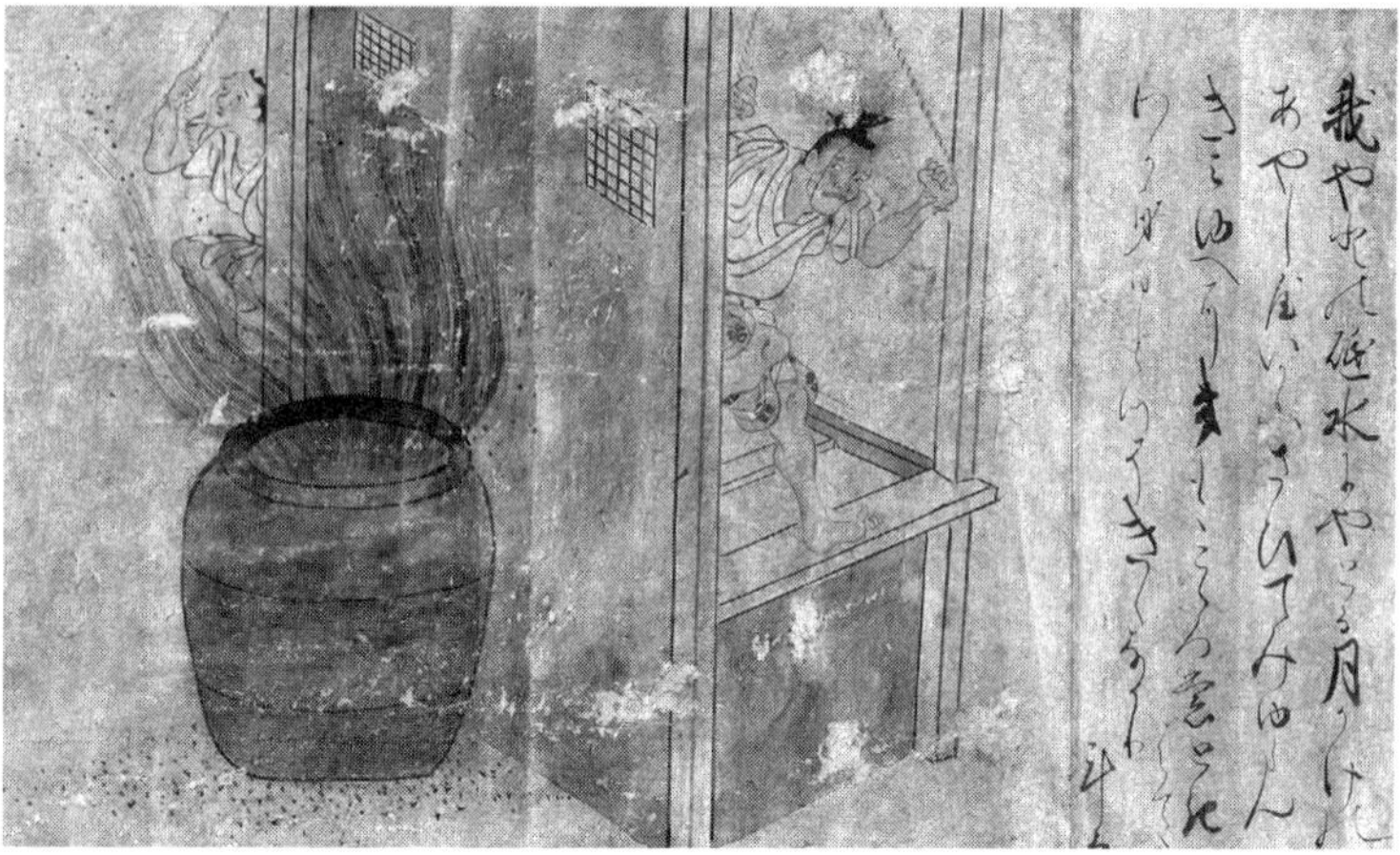

「職人歌合絵巻」に描かれた鋳物師（16世紀。国立歴史民俗博物館蔵）

年）では踏みふいごを指しており、また「職人歌合《うたあわせ》絵巻」（国立歴史民俗博物館所蔵）にたたらで鋳物炉に送風する二人の鋳物師《いもじ》が描かれているように、たたらは金属を溶かす送風装置を表す語として使われている。中世の種々の文献でも同様に、足踏み式の大型ふいごをたたらと称しているが、この作業は大変な労働であった。

形相も変わるほどの過酷な労働、鉄を生み出す重要な作業から芝居用語の「たたらを踏む」の言葉が生まれ、また、「地団駄を踏んで悔しがった」の「じたんだ」は「じたたら」から生じたように、たたらを踏む様を身をよじり、足を踏みならして悔しがる様子にたとえた。

いずれにしろ、幾日も代わり番子にたたらを踏みながら炉内に空気を送った人々の大変な労苦が偲ばれる。炉を指す言葉のたたらは『日葡《にっぽ》辞書』（十六世紀）で「砂から鉄を製したり銅や鉄の釜を鋳造したりする炉」と解説されている。また、「鑪《たたら》」は溶鉱施設全体を意味し、鎌倉初期の『色葉《いろは》字類抄《じるいしょう》』あたりが初見とされる。

今日、一般にたたらは鉄精錬を指すが、平安時代の『宇津保物語《うつほものがたり》』に「これは鋳物師の所、男子ども集り、蹈鞴《たたら》踏み、物の御形鋳などす。銀・黄金・白鑞などをわかして旅籠《はたご》、透箱《すきばこ》、割籠《わりご》、餌袋、海、山、亀など色をつくして出だす」と記されているように、鉄以外の金属溶解にも用いられている。鉄の有用な物性、それゆえに増大する需要、何より砂鉄還元には温度を上げなければならなかった。ふいごの能力向上がいかにも切実な課題であったことから、ふいごの旧名「たたら」が製鉄の意味を持つようになったと思われる。

鉄との因縁

民主的な鉄

今日の豊かな社会の基盤として有用な物性を発揮している鉄に若干でも関係する身として、文字もなく技術も科学も未発達な時代に先人が幾多の困難を乗り越え生み出した古代鉄に対して、いわば人の営みの温もりを感じている。しかし、残念ながら鉄は強く有用な材料ゆえに武器ともなり、また現代の鉄づくりはあまりにも重厚長大で我々の感覚を遥かに超えてしまい、鉄に対して親密さを感じず負のイメージを抱く人も少なからずおられる。

確かに鉄は古代より強烈な武器としてその威力を存分に発揮し、いつしか人類が遭遇した数々の不幸な歴史の主人公とさえなってしまった感もある。しかし、そのような見方は、鉄の本質からするとあまりにも一面的過ぎると思えてならない。

戦争は我々人類という種の誤りで、鉄はあくまでも有用な物性を発揮したに過ぎない。求められるはこの有用な材料を活用する人類の倫理観である。技術と人間の有り様を考える上で、極めて重要な視点である。

我々の祖先はこの有用な鉄を武器以外にいかに活用したであろう。左の表は私のパソコンから金偏の漢字を拾い出したものであるが、現在では読むことさえ困難な字も数多い。

司馬遼太郎氏は、兵隊として中国東北地方に行ったときの印象を、「日本は壁一杯に華やかに農具があるが、中国では一つの道具を多目的に使い農具・工具が少ないように感じた」（『司馬遼太郎が語る日本　未公開講演録愛蔵版Ⅱ』朝日新聞社）と述べている。農家であった私の家にもたくさんの農具・工具が用意されており、時折、山に入っては専用のスコップで竹の子を掘り出した記憶もある。この多数の金偏の漢字に、鉄を巧みに扱いながら多種・多彩な農具、工具を生み出した日本人の特質が垣間見える。

イギリスの優れた技術家S・リリーが鉄を"Iron Democratic Metal"（民主的な鉄）と表現したように、鉄が民衆の生活に欠かせない最も有用な道具として大いに寄与してきたのは紛れもない事実である。そして、同様の思想を抱く我が国の有識者も数多く存在した。

鐐	錵	鉗	鋒	錠	鋭
鐶	鉽	鉅	鉼	針	鉛
鐫	鍜	鉉	釦	錐	鎧
鐵	鍠	鉤	銘	錘	鈎
鐡	鍼	鉈	鑓	銭	鎌
鐺	鍮	銕	劉	銑	鑑
鑁	鍖	鈿	鈴	鎗	鋸
鑒	鎰	鉋	錬	鐸	鏡
鑄	鎬	鉐	録	鍛	錦
鑛	鎭	銜	嚠	鋳	欽
鑠	鎔	銖	崟	銚	金
鑢	鎹	銓	淦	鎮	銀
鑯	鏖	銛	瀏	鎚	釧
鑪	鏗	鉚	釖	鍔	鍬
鈩	鏨	鋏	釟	釣	鍵
鑰	鏥	銹	釜	釘	鈷
鑵	鏘	銷	釛	鏑	鉱
鑷	鏃	鋩	釼	鉄	鋼
鑽	鏝	錏	釵	鍍	鎖
鑚	鏐	鋺	鉇	鐙	錯
鑼	鏈	鍄	鈞	銅	錆
鑾	鏤	錮	釿	鈍	錫
钁	鏸	錙	鈔	鍋	銃
鑿	鐔	錢	鈬	鉢	鋤
	鐓	錚	鈕	錨	鉦
	鐃	錣	鈑	鋲	鍾
	鐇	錺	鉞	鋪	鐘

金偏の漢字

偉大な科学思想家三浦梅園《ばいえん》は、「鉄はその価が安く、用途が広く、民生において一日もなくてはならぬゆえに五金（この当時流通していた金属は金、銀、銅、鉛、鉄）の中でも至宝なのである」（『価原《かげん》』一七七三年）とし、島津斉彬の「言行録」には「農は国の本なるは、和漢洋何れの国も同じ、農の本は鉄なり、依て他国の品を買いざる様分て研究いたすべし」と記されている。余談であるが、果敢に洋式高炉築造に臨んだ島津斉彬に興味を抱いて、『島津斉彬言行録』（岩波文庫、一九四四年）を読んだ記憶がある。文章には藩内の砂鉄豊富な地の一つに、私が生まれ育った田舎の名が記されていた。斉彬は私たちが遊んだ浜砂鉄を採集して高炉原料に試みたようだが、結果、成功を修めるには至ってない。洋式高炉の原料として砂鉄は馴染まなかったと思われる。

宇宙からの贈り物、隕石

砂鉄の地で遊んだ私が、たたらの名に郷愁を感じているとき、興味深い記事が新聞に掲載された。直方《のおがた》市の須賀《すが》神社に関する記事で、この神社で祀っているのは、落下の確認された隕石では世界最古の隕石だと紹介されていた。

私の新任教師としての赴任地は直方の地で、他県出身の私は本や映画で若干のイメージを抱いて筑豊の地に赴任したものの、大きなカルチャーショックを受けることになった。初めて目にするぼた山や炭住、そして坑道の影響であろうか、陥没した田畑も散在していた。かつて産炭地として大いに栄えた筑豊の炭鉱は、私の赴任時にはすべて閉山となり、日本の近代化を支えたこの地はすでに活気を失いつつあった。もっとも、川筋気質と呼ばれる筑豊人の特徴は今に引き継がれていて、楽しい教師生活を過ごさせていただいたのは幸いであった。

須賀神社の隕石は、大正十一（一九二二）年に神社の依頼を受け、筑豊鉱山学校校長の工学博士山田邦彦氏が調査しており、重さ四八〇グラム（現在四七二グラム）、長さ七・三センチ、周囲一八センチの記録が残る。筑豊鉱山学校は後の筑豊工業高校で、私の最初の赴任校でもあった。学校の図書館の書庫には石炭関係の貴重な資料が納められており、研究者が頻繁に調査に訪れていた。

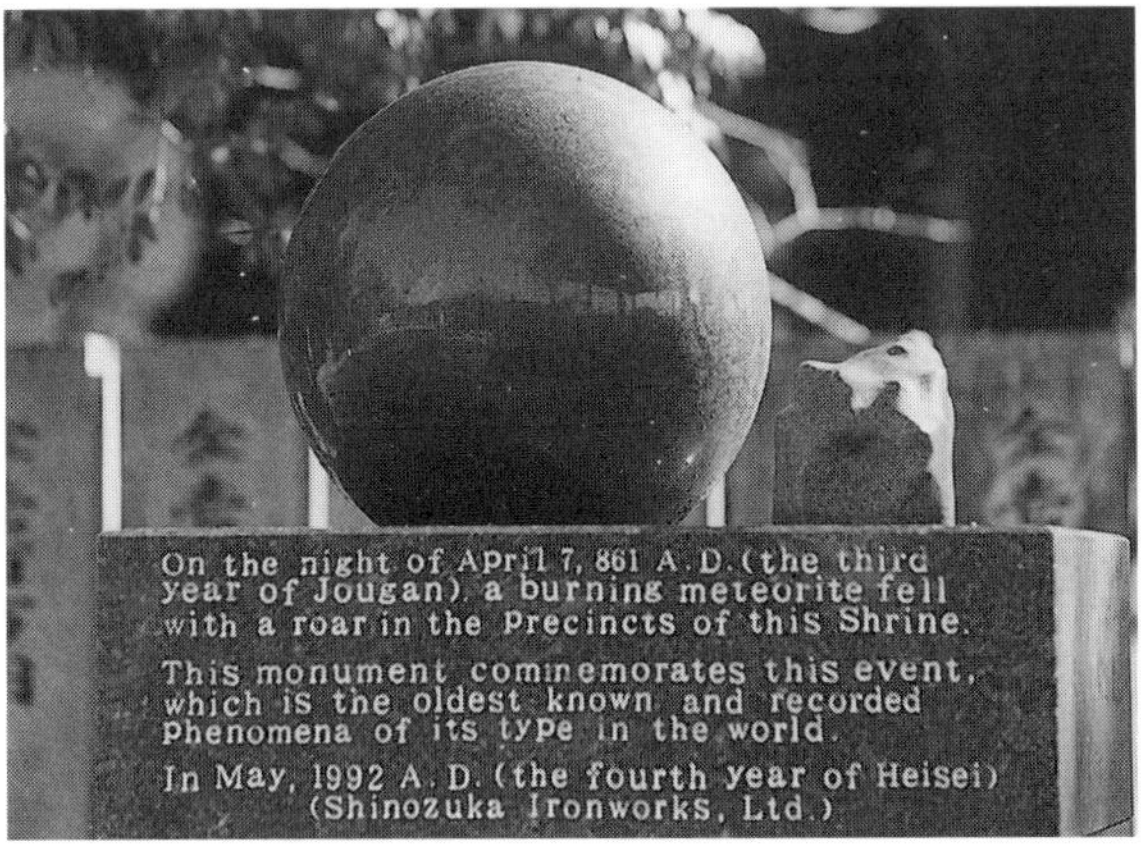

須賀神社境内に立つ隕石説明碑（直方市）

その後、この隕石は昭和五十六（一九八一）年、国立科学博物館の理化学研究部長、村山定男氏などによって詳しく調査されている。ある古文書には「天を飛ぶ石」が大きな音と閃光とともに落ち、穴には三角形状の黒味を帯びた茶色の石が残っていたと記されているそうで、年代は八六一年ということである。

隕石が納められた桐箱にも「貞観三（八六一）年四月七日に納む」と記されているが、炭素十四年代法では四一二±三五〇年とされている。実物の隕石を手にしたことのない私には、四七二グラムとはずいぶん大きな隕石にも感じる。岩手県で発見された重さ一三五キロの「気仙《けせん》隕石」が日本最大で、現存する世界最大の隕石は南西アフリカで発見された「ホバ鉄隕石」で、落石当初は何と一〇〇トンはあったといわれる巨大な宇宙からの贈り物である。

鉄の始まり

実は、人類が初めて鉄を知った経緯には二説がある。自然銅、自然金などと同様に焚き火や山火事、溶岩などで半溶解状に露出した鉄を叩くうちに、偶然知った自然冶金説。そして、空から降った普通の石とは違う黒色の石を加熱、叩いて知った隕鉄説（石質のものは隕石、鉄質のものは隕鉄、その中間もある）である。

古代鉄器の発見は古代エジプトの鉄環首飾り（紀元前約三〇〇〇年）、古代トルコの黄金装鉄剣（紀元前約二三〇〇年）、古代中国の鉄刃青銅製　鉞《まさかり》（紀元前約一〇〇〇年）などが有名だが、成分分析の結果、いずれも隕鉄製である。四十六億年の壮大な地球の歴史からは相当量の隕鉄蓄積量と考えられ、また、古代のわずかな鉄使用量からするといかにも隕鉄説が有力であるが、一般には隕鉄から鉄を知ったとしても、本格的な鉄使用は自然冶金に始まると考えられている。

宇宙から降る石について、その神秘性ゆえに昔の人は「天鉄」、「天降鉄」などと呼んでいるが、金属学的には、ニッケル含有量が多いものの、それほど特殊な物質とはいえない。ただ、宇宙空間では百万年に一度の緩やかな速さで冷却されるため、特異な結晶模様を描いている。ウイッドマン組織と名づけられているが、いうなれば幾何学的な宇宙の造形美である。

隕鉄にまつわる話として、八幡製鉄所生みの親の一人、榎本武揚《たけあき》が、富山県白萩村（現上市《かみいち》町）の「白萩隕鉄」を素材に、明治三十一（一八九八）年三月に刀工岡吉国宗に作刀させたことがある。榎本は後に農商務大臣や外務大臣を務めたが、近代技術の祖と呼ばれるドイツの科学者ゲオルグ・アグリコラが記した最古の鉱山冶金学の技術書『デ・レ・メタリカ』（De re metallica 金属について）をラテン語の原文から読んだ最初の日本人で、近代冶金学の父とも呼ばれた優れた技術者である。

この隕鉄を用いた珍しい試みには榎本の技術者としての好奇心が窺えるが、ただ、刀工国宗にとっては非常に困難を伴う依頼でもあった。燐や硫黄などの有害元素を含有する隕鉄は鍛接《たんせつ》性に劣り、温度上昇にも限界があったことから、刃金に玉鋼を用いるなど苦心惨憺の末、何とか打ち上げた。この刀は「流星刀」とロマンチックに命名され、後に大正天皇（当時皇太子）へ献上される。

また、宇宙からの贈り物は古代人に鉄を知らしめ、今日の鉄文化の源となっただけではなかった。約六五〇〇〇年前に届いた巨大隕石の衝撃は綺麗な空気と緑に覆われた地球に環境異変を生じさせ、ついには恐竜の絶滅に至ったが、現在の科学者は隕石に太陽系の起源、生命の起源を探求していると聞く。古代人にとっての神秘的な石は、悠久のときを経た今、地球と人類の過去と未来を明らかにする最古の古文書となった。隕石は現代人にとっても、古代同様、神秘的な贈り物には違いない。

鉄を考える

国家と鉄

鉄の掌握に成功した者こそ国家の支配者となり得た事実は歴史が証明してきた。似たような意で近代では「鉄は国家なり」と盛んにいわれてきたが、重厚長大型の企業が、我が国の高度成長期の柱であった時代を象徴的に表している。とはいえ、現在は情報化社会へと目覚ましい変貌を遂げ、鉄の町北九州を訪ねても、かつて繁栄の象徴であった煙突から吐き出される七色の煙は消えてしまい、町の景観は大きく変貌した。しかし、企業の鉄にかつてのパワーが衰えても、今日もなお鉄の時代である事実には一向に変わりない。ただ、国家再興が目的とはいえ、「鉄は国家なり」のスローガンが、いつしか我々から鉄を遠ざけてしまったように思われてならない。

鉄を「鐵」と記す場合があるが、字の如く「金の王なる哉」の意味で、鉄はとても偉い存在であった。ただ、"Iron Democratic Metal"（民主的な鉄）の意味ならば大いに親しめるが、「国家なり」となると恐れ多くて近寄りがたい国家の所有物となってしまい、自給自足、家内労働

戦時中に回収された歴史が刻まれた，香椎宮の鷹の石碑

的な生産体系の古代鉄の有り様とはずいぶん大きな隔たりを感じてしまう。もっとも、「国家の鉄」であったのは今に始まったことではなく、昔から戦いには多くの武器が必要とされ、有用な性質を持つ鉄や銅などの金属は「国家のもの」として供出・徴収されて兵器へと姿を変えた。梵鐘や銅像なども兵器原料としてその犠牲となったのである。

豊臣秀吉は徳川家康と緊迫状態にあったときに、若狭（福井県）、近江（滋賀県）長浜の諸寺から梵鐘を徴発し、関東の雄、北条氏政も鉄砲製造用に、水戸藩では幕末の大砲鋳造用に、さらには太平洋戦争でも武器製造用に全国の寺院から梵鐘を徴収している。いつの時代でも権力者が急場を凌ぐ対策としての共通のやり方であるが、逆にいえば観世音寺の梵鐘などは運良く今に残ったといえよう。とはいえ、このような方法がいつまでも通用するとはとても思えない。

豫て献納の鷹大東亜戦争中
銅鉄回収の為供出　終戦後

初の勅使御参向に際し再献
昭和三十年十月

香椎宮本殿に上がる階段横の鷹の石碑に刻まれた文字であるが、どうやら戦時に香椎宮も銅鉄を献上したと思われる。武神、神功皇后を祭神とする由緒ある神社から徴収するとは、それにしても戦争とは冷酷、非情である。また、先に記したように昭和十九（一九四四）年七月、太平洋戦争での軍命令で、日本で第三位の高さを誇った称名寺の「博多大仏」も石座だけを残して敢えなく徴収された。手段を選ばぬ非情な戦争には、神も仏もついに勝てなかったのである。

博多大仏の石座（福岡市東区・称名寺）

「応召だ！　戦地へ送れ　銅と鐵！」

「飛行機も軍艦も弾丸も石炭からだ！　たのむぞ　石炭」

軍艦や兵士の絵をバックに大きくスローガンが描かれた戦時期のポスターが福岡市博物館に所蔵されているが、資源に乏しい我が国にとって戦争遂行のための資源確保は切実な問題で、いわば国家総動員態勢であった。

鎌倉時代末の「春日権現験記絵巻《かすがごんげんげんきえまき》」（一三〇九年）に、焼け跡で焼け残った釘を竹火箸で拾う男性の悲しげな絵が描かれているが、似たような光景は戦中戦後もよく見られたと聞く。平和な時代を享受する今日、日本経済、日本社会を支える鉄に思いを馳せる機会は少ないが、周囲は鉄造形物で満ち、鉄のない社会など思いも及ばず、全くSFの世界である。このように鉄の重要性は今も昔もいささかも変わりないが、改めて鉄について問われると、身近な存在でありながら意識する機会は乏しく、存在感が希薄になってしまった。改めて鉄を考えたい。

鋳鉄と鋼

私たちは学生のころ、「水兵リーべ僕の船……」と元素周期率表を暗記させられたが、原子番号26の元素が鉄（Fe）である。元素記号Feはラテン語のferrum（堅い、強固）に、英語のironは同じラテン語のaes（鉱石）に由来するが、この命名に鉄の本質が見事に表れているといえよう。元素表では鉄は比重七・八七、融点一五三六度とあるが、一方、鉄より先に登場した銅は比重八・九六、融点一〇八三度で、鉄の融点とは約四五〇度の違いがある。この融点の違いゆえ、金や銀、銅は最初から人類の前に姿を晒したのに、鉄は長く溶融状態を現そうとはしなかった。しかし、ついに人類の知恵はその全貌を露わにし、今日の輝かしい鉄文化を開花させたのである。

アメリカの地質学者クラークが地表下一〇マイル（約一六キロ）の成分元素重量パーセント

を示したクラーク数では、鉄は酸素、珪素《けいそ》、アルミニウムに次いで四番目に多い元素である。しかし、地球内部は隕鉄が溶融した状態にあることから、地球全体では鉄が一番多い元素となる。いわば地球は鉄の惑星なのである。

クラーク数（上位10種）

順　位	原子番号	元　素	記　号	クラーク数（重量%）
1	8	酸素	O	49.50
2	14	ケイ素	Si	25.80
3	13	アルミニウム	Al	7.56
4	26	鉄	Fe	4.70
5	20	カルシウム	Ca	3.39
6	11	ナトリウム	Na	2.63
7	19	カリウム	K	2.40
8	12	マグネシウム	Mg	1.93
9	1	水素	H	0.87
10	22	チタン	Ti	0.46

このように地球上では、鉄の量は事実上無尽蔵であるが、残念ながら地表にほとんど露出していない。地殻中では自然金や自然銅とは異なり酸化物として存在する。ゆえに酸素を取り除く化学変化のプロセスが求められる。この還元方法自体は比較的単純な原理であるが、実は鉄は炭素と相性が良いために炭素を吸収しやすく、吸収した炭素量で融点や機械的性質がずいぶん異なってしまう。現在では、実用上〇・〇二パーセントまでの炭素量を含有した鉄を純鉄、二・〇六パーセントまでの炭素量を鋼《こう》、それ以上増えると鋳鉄《ちゆうてつ》として分類するが、純鉄は電磁材料や触媒などに用途は限られており、一般的に我々が鉄と呼ぶのは異なる性質を持った鋼や鋳鉄の総称である。

懐かしい形の郵便ポスト

「水は方円の器に従う」ように、金属を加熱・溶融して空間部分に流し込めば、空間の形がそのままでき上がるので、機械で削れない複雑な形状の製作には最適な方法である。この工作法が鋳造で、でき上がった製品を鋳物と呼ぶが、これは金属加工技術の中で最も多用される工作法で、金属加工品の全生産額のほぼ六〇パーセント余を占めるほどである。炭素量の多い鋳鉄は、融点が低いため鋳造には最適であるが、残念ながら硬くて脆いために折れやすく、また、溶接しにくいなどの欠点を併せ持っている。

鋳鉄は独特な鋳肌《いはだ》で腐食にも強いのでマンホールの蓋や根元カバーなど、ストリートファーニチャーとして至る所で街の景観を彩っている。マンホールの蓋を例にとっても、重量のかかる車道用のマンホールの蓋には球状黒鉛鋳鉄と呼ばれる強い鋳鉄が使われている。また、寸法精度が良くなければ騒音公害を生じるなど、技術面からもなかなか難しい製品である。

最近はめっきり少なくなってしまったが、私の好きな鉄鋳物に、昭和二十五（一九五〇）年に第一号が登場して以来、我が国の津々浦々までその姿が見られた懐かしい郵便ポストがある。今ほど通信手段が発達していない時代には手紙は貴重な通信手段で、手紙を投函する際には、愛嬌ある姿のデザインに、人肌にも似た凸凹の砂目肌の朱色の郵便ポストは微笑むような優しさで迎えてくれた。この形式の郵便ポストは九州内に七七七本残っているそうだが、大部分は溶接で繋いだ四角形の鋼製郵便ポストに替わり、経済性、機能性だけを追求したいかにも味気ない姿になってしまった。

芦屋釜の製法

名器として評判の芦屋釜の製作を見てみたい。茶湯釜には天命《てんみょう》（明）、芦屋、京都の三つの大きな流れがあるといわれるが、中でも芦屋釜は優美な容姿、文様を持ち「天下の名器」とも呼ばれ、図柄には名僧雪舟《せっしゅう》が指導したものもあると伝わる。砂鉄から生まれた砂目肌や焼き肌の美しい芸術品は寂《さび》の趣、侘《わ》びの佇まいを秘めるが、芦屋の地には古来より豊富な砂鉄と高い鋳造技術が存在したのであろう。今日の再興を果たすには大変な苦労を伴い、芦屋産の砂鉄だけでなく、出雲産の砂鉄も一部使用していると伺った。

茶湯釜鋳造工程

製作工程では、胴の形や図文《ずもん》、鐶付《かんつき》や蓋などのデザインが決まったら、まず胴の縦断面図を紙に実寸で描き、この紙型の半分の形を板でつくり、この板を回転させるための軸と横木を取りつけて

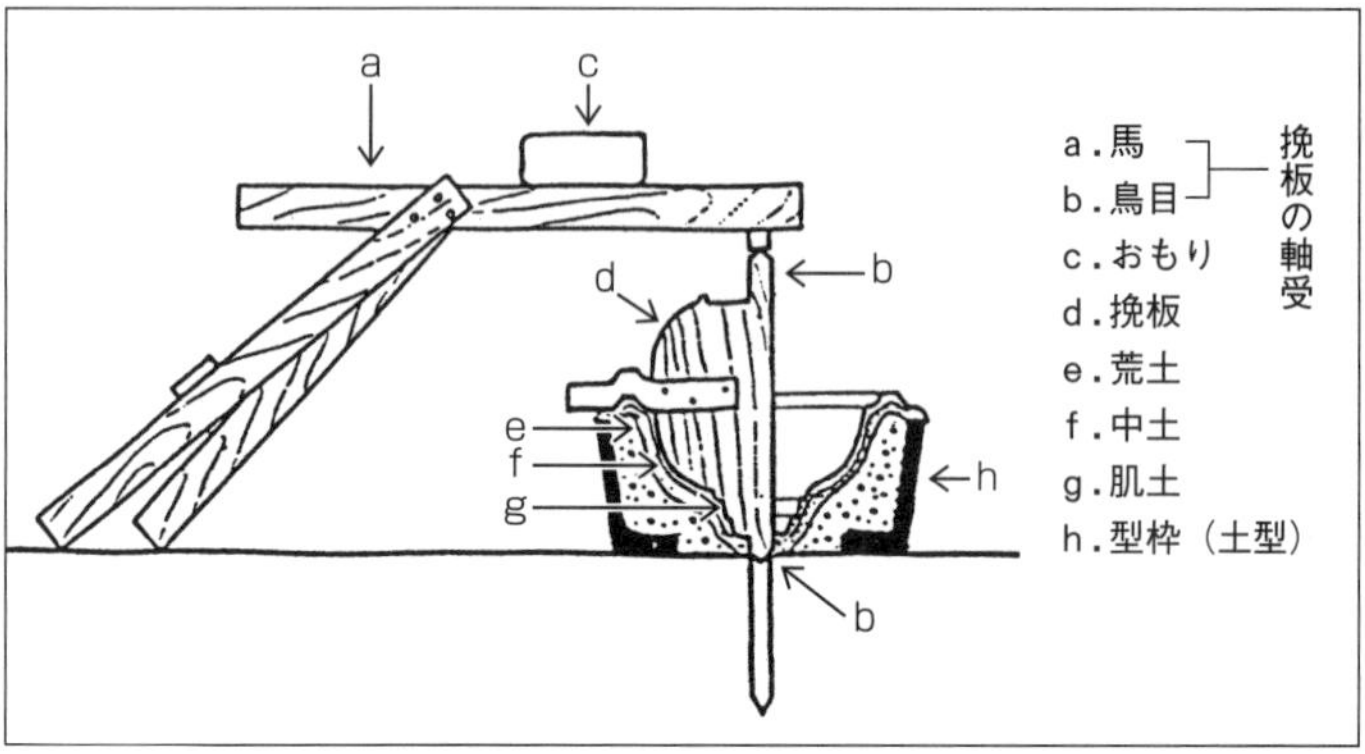

挽板の構造（芦屋釜の図録より）

挽板《ひきいた》をつくる［①挽板をつくる］。

鋳型は、外型と中型（中子《なかご》）に分けられる。外型は、型枠の中に鋳物土を塗りながら挽板を回転させ形をつくる。上型をつくり終わると挽板の上下を逆にして別の型枠に下型をつくる。鐶付の鋳型は別につくっておき、素焼き後、上型にはめ込む［②外型をつくる］。

外型ができたら、土が軟らかいうちに篦《へら》や押型《おしがた》などを押しつけて図文を描く［③篦押し］。絵柄は薄い和紙に描いておき、裏返して内面に当て、上から篦でなぞってゆき、その後、炭火で肌を焼き固める。

外型に中子砂を入れて、釜と同じ形の塊をつくり、乾燥後取り出して、金属の厚みとなる分だけ砂を削り落とす［④中子をつくる（なお、挽き中子という方法もある）］。外型を焼いて強くし、煤を吹きつけ、中子には炭《すみ》汁《じる》を塗って鉄の焼きつけを防ぐ。上型を下にして中子を入れ込み、その上に型持《かたも》ちをつけて隙間を保ち　下型を被せる［⑤中子納め］。下型の底に湯口をつくり、いよいよ鋳造工程で一番緊張する作業に入る。一三〇〇度を超す高温の湯を杓《しゃく》に取って鋳型に流し込む［⑥吹き］。鋳型を壊して製品を取り出し、鏨《たがね》などで形を整え、炭火で赤熱させて焼きなますとともに、酸化膜をつくる。形を整えたら漆や弁柄《べんから》などで色づけをする［⑦仕上げ］。なお、蓋は鉄または青銅でつくる。

この作業手順は、遠賀川河口近くの、芦屋釜の復興と茶道文化の振興を図る施設「芦屋釜の里」を訪ねたときに教えていただいた。薄い隙間の空間に鉄を鋳込み、見事な文様をつくり出すなど、高貴な佇まいを秘めた芸術品の復興がなされたのは誠に喜ばしい。

高層ビルと長大橋

炭素量の少ない鋼は粘りが強いので、曲がれどもなかなか折れない。鍛冶屋が真っ赤に熱した鉄を、火花を散らしながら叩くのは鋼である。鋼は鋳鉄よりも融点が高く流動性が悪いので鋳造には適さず、力を加えて形を変えたり、刃物で削りながら加工したりするのである。

福岡タワー（福岡市早良区）

地震国日本に昭和四十（一九六五）年、画期的なビル工事が始まった。霞が関ビル

荒津大橋（福岡市中央区）

である。二年後にはすでに三十階一二〇メートルの高さまで鉄骨が組まれていたが、あるときマグニチュード四・九の地震が発生、強い衝撃がこの高層ビルを襲った。ところがこの瞬間、高い現場に居合わせた技術者たちは全く揺れを感じず、地震の発生にすら気づいていなかった。従来の剛構造ビルに対して、「柳に風と受け流す」スマートな柔構造ビル誕生の瞬間である。

これより世界貿易センタービル、朝日東海ビル、ＩＢＭ本社ビルなど高層ビルが林立し、都市の景観は大きく変貌した。この柔構造ビルを可能にしたのは、まさに高張力鋼《こうちょうりょくこう》の登場にある。普通鋼とは若干構成成分が異なるものの、重さ二〇〇キロもの車を二ミリほどの太さで釣り下げられる強力な鋼で、強度だけでなく溶接性、靭《じん》性、加工性、耐久性などに優れた最適な構造用素材で、使用量の一番多い材料である。

一方、海と空を跨ぐ長大橋。力強い構造も鉄なればこそだ。一般に支間二〇〇メートルを超える橋を長大橋と呼ぶが、地震、台風など、我が国の自然条件は誠に厳しい。最大風速五〇メートルの台風、マグニチュード八の大地震などを想定し、潮流や地形なども考慮しなければならない。西海橋、若戸大橋、天草橋、関門橋と続き、本州と四国を結んだ明石海峡大橋は、ついにスパン（支間）一八〇〇メートルに至った。このスパンの長さに比例するように材料や技術も改良され、進化しながら、車の両輪としてこれらの構造物の建設を可能にしてきたのである。

近代的で斬新なデザインの福岡タワーは、博多のシンボルとして相応しい威容を誇り、夜間にはライトアップされ、海の玄関口として幾何学的で優雅な直線美の荒津大橋（鋼斜張橋）は、通過するには少々心細くなるスマートさである。港には太いロープで係留された重量感溢れる大きな鉄船。何を蓄えるであろう球状タンク。巨大な鉄造形物はさりげなく都市の景観を彩り、大きな安らぎを私たちにもたらしている。

熱処理の難しさ

炭素量で性質の異なる鋳鉄や鋼に変化するのはありがたい鉄の特徴だが、「焼きを入れる」という何やら恐い言葉もまた鉄に関係する用語である。鉄を真っ赤に加熱して水で急冷すると硬くなる現象はよく知られるが、この方法が「焼き入れ」で、日本刀はこの方法で刃先を硬くして切れ味を鋭くしている。このように加熱、冷却する操作で性質を簡単に変えられるのもまた、鉄の持つ大きな特徴である。

熱処理は基本的に四つの目的で行われる。硬くする「焼き入れ」の他に、軟化させる「焼きなまし」、強化させる「焼きならし」、靭化させる「焼き戻し」である。他にも表面だけを硬くする「高周波焼き入れ」や「浸炭《しんたん》焼き入れ」などの方法もあるが、これらは基本の応用に過ぎない。

熱処理とは簡単には「熱して冷やす」方法であるが、一口に加熱といっても鋼の炭素量で微妙に加熱温度、冷却速度に違いが生じる。火加減、さらには冷やす水加減が非常に重要な要素となる。「焼きが回る」とは衰えたり鈍くなったりしたときに使う言葉であるが、火が回り過ぎると刀の切れ味が悪くなることから生じている。

現在では加熱温度は計測装置で計れるが、刀剣の秘伝書に「山吹色、柿色、小豆色」とあり一子相伝とされたように、刀匠は加熱温度を自身の目で判別しなければならなかった。太陽が昇ってからでは火色が判断しづらいので、早朝に斎戒沐浴して精神統一を図り、行っていた。昔の焼き入れ工場で窓ガラスがすべて青色に塗り潰されていたのも同じ理由である。加熱したら冷やす水加減が大事で、赤めた温度から火色がなくなる温度まで一気に冷やすと焼きが入り、ゆっくり冷やすと焼きが鈍る。つまり冷却速度を間違うと目的が達せられない。

今の暦で三、四月や九、十月の銘が刻まれた刀が多いのも、水温が安定する季節が選ばれて刀が打たれたためであろう。謡曲「小鍛冶《こかじ》」に、小鍛冶宗近《むねちか》の弟子が師匠の水加減を盗むため水に手を入れたところ、次の瞬間にその手を師匠に切り落とされたとあるが、水加減はそれほど難しく、まさに秘伝中の秘伝であった。

錆びない鉄

炭素量で鋳鉄とも鋼ともなり、熱処理で硬くも軟らかくもなる鉄であるが、炭素以外の元素を人為的に添加すると、素晴らしい特徴を持つ合金（alloy）へと変貌する。合金が二十世紀最大の発明といわれるのも頷けるほどに素晴らしい材料が数多く開発されているが、中でも鉄系合金は非常に豊富である。

鋼にクロム（Cr）を一二パーセント以上混ぜると腐食に強くなるが、台所の流し台や風呂場などの水場に使われるステンレス鋼がこれである。もっとも現在は耐食性に優れるクロムとニッケル（Ni）を混ぜたステンレス鋼が主流であるが、このステンレス鋼は「不銹鋼《ふせいこう》」とも書くように錆びない鉄の代表である。

元来、鉄は錆びてボロボロになり土中に帰る宿命を負う。昔は鉄工具が錆びないように手入れをすることは必要不可欠な仕事であり、日常の風景でもあった。「彼は包丁が冴えている」、「彼は包丁が切れる」とは板前の腕前を称賛する場合に使われる言葉だが、この世界では刃物の研ぎから修行が始まり、包丁を大事に扱うことと料理の腕前は同意義で、それほどに刃物の鉄に特別なこだわりを持ち、また冴えた切れ味を引き出す研ぎにもこだわらざるを得なかった。「身から出た錆」は、鉄と人間を同一視した言葉である。不銹鋼のように錆びない鉄は研ぐ手間がかからないありがたい材料ではあるが、一方、メンテナンスフリーの便利さゆえに、鉄へ

長く辛い航海を物語る船の錆

の愛着心はとても芽生えそうにない。

さて、鉄錆には黒錆（Fe_3O_4）と赤錆（Fe_2O_3）の二種類があるが、特に嫌がられるのが本体を侵食し、ボロボロにする赤錆である。錆が浮き出た古い看板やトタン屋根、傷ついたガードレールなどが至る所に晒されている。確かに街の景観を醜くし、鉄を食いつぶす代物である。港に係留された大型船の船体に浮かぶ赤錆を目にすると、長く辛かったであろう航海の日々が私の脳裏に浮かぶ。荒れ狂う外洋の大波と闘った日々、穏やかな波に魚と戯れた日々、その姿に航海の記憶が刻まれている。また、日本人の独特な美意識に「侘び・寂び」があるが、古びて趣がある閑寂枯淡《かんじゃくこたん》の美を、朽ち果てるそのものに見ようとしているのである。

実は、錆びる鉄を保護する考えは古くからあり、十三世紀後半から十六世紀前半に鉄を錫《すず》で覆う技術がボヘミア（チェコ西部）で完成したといわれる。十九世紀前半にオランダ人により長崎に持ち込まれたこの材料は、からくり儀右衛門こと田中久重の日記には「ブリッキ」と記された。ブリキである。ぴかぴかに光っていたので「ヒカリ板」とも呼ばれたこの材料には、「鉄葉」の漢字が当てられている。年輩の方なら鉄葉《ぶりき》の玩具に懐かしさがこみ上げるのではなかろうか。鉄と錫の微妙な肌合いにカラフルな印刷模様の戦車、車、飛行機。色彩に乏しい時代、鉄葉の輝きは子供たちには宝石にも変えがたいものであったが、その鉄葉の玩具が私たちの前から姿を消して久しい。錫を使い錆を防いだ画期的な技術は、残念ながら今は朽ち果ててしまったようだ。

ところで、鉄は強さ、逞しさを誇るためだけに私たちの前に姿を現しているのではない。厳寒の季節に登場する使い捨てカイロ、この袋の中身は鉄粉である。鉄は酸化物の鉱石から得られるが、鉄を空気に晒すともともとの酸化物に帰ろうとする。この鉄粉の酸化熱を利用して暖めているのである。表面積が大きい鉄粉は意外なほど高温となるので、大量の鉄粉は消防法で危険物の一つに指定されているほどである。

情報化社会に欠かせないフロッピーディスクやキャッシュカード、テレホンカード、電車の乗車券などの磁気記憶装置媒体に使われる材料も一種の酸化鉄で、家庭で漬け物を漬ける際に鉄釘を入れるのは、鉄イオンの働きである。私たちの周りには鉄が溢れるが、その姿には鉄の持つ様々な持質を生かし、社会を支える力強さと限りない優しさが秘められている。

鉄の伝来

渡来人が果たした役割

弥生時代に始まり、古墳時代を中心として奈良に至るまでの時代こそ、わが国技術史にとって黎明期といえる。しかも、そのほとんどの技術が先進地中国、朝鮮からの恩恵である。これらの技術はどのように伝わったであろうか。情報化社会の現在なら技術の伝来もたやすい。しかし、この時代、技術だけが伝わるはずはなく、人が渡ったのである。中国、朝鮮よりはるばる海を越えた渡来人が直接もたらしたのである。京都大学教授上田正昭氏は、その著『帰化人』（中公新書）で渡来の波を四段階に分けている。

①紀元前二〇〇年ごろから、朝鮮を媒介とする大陸系の波がはっきり見られ、三世紀ごろには往来も頻繁になされている。稲作や青銅、鉄器などの文化をもたらした。

②応神・仁徳朝を中心とする五世紀前後。大和朝廷が成立しており、朝鮮を中心とする地域からの渡来者がかなり見られる。

③五世紀後半から六世紀の初めを中心に朝鮮より新技術を持った人が多数移住。大和政府の機構整備や充実に役立つ。

④七世紀後半。百済が滅亡し、朝鮮南部より多数の渡来者があり、中央、地方において活躍する。

木造船に命を賭して大海原を渡った人々は、地理的に近い玄界灘沿岸に上陸し、日本に土着しながら様々な文化、技術・技能を日本各地に伝えるが、すでに検証したように渡来人が我が国の文化や技術、政治・経済に果たした役割は実に計り知れない。『古事記』に応神天皇への百済の朝貢に関して、「手人韓鍛《てひとからかぬち》、名は卓素《たくそ》、また呉服《くれはとり》の西素《さいそ》二人を貢上りき」と記されている。おそらくこの時期に、細々と行われていた在来の製鉄に対して先進の技術が伝えられ、製鉄の量・質ともに革新されたのであろう。

我が国には、古来より外来技術を受け入れ、自国の風土の特性に合わせて改良を重ねるという、いわば優れたものに敬意を表し、素直に学ぶ謙虚さがある。それが今日の繁栄の源と思われる。誠に優れた日本人の特質といえるが、果たして現代はいかがであろう。近代史に不幸な歴史が存在するものの、遙か古代より積極的に異国の人を厚遇し、政治や文化、技術・技能にも大きな影響を受けた厳然たる歴史的事実がある。謙虚に先人に学びたい。

日本最古の製鉄

我が国の鉄の始まりはいつごろであろう。古代の鉄を考える場合、少々複雑であるが、考古学者森浩一氏や多くの学者が指摘するように、出土した遺跡や史料から次の三つの時期に分類できる。

①鉄製品が使われ始めた時期。
②鉄を色々な形に加工し始めた時期。
③鉄の生産を始めた時期。

①については、縄文晩期、紀元前三―四世紀にはすでに鉄が使用されている。従来は弥生時代前期と考えられていたが、この時代の遺跡からは五つの鉄器が出土しており、その一つは幅約三センチ、厚さ約四ミリの小さい斧の頭部破片（鍛造品）で、糸島郡二丈町の曲り田遺跡から発見されている。この鉄器は砂鉄産ではなく鉄鉱石を原料とするものの、糸島海岸には良質の砂鉄が豊富に存在しており、周辺には数多くのたたら跡も散在し、二丈町には多々羅の地名が存在するなど、極めて重要な地域と考えられる。いずれにしろ、弥生文化の広がりの早さからすると、稲作とほぼ同時に大陸から伝来したのであろう。

弥生時代中期になると鉄器が急速に普及する。原の辻遺跡で見た鉄鋌《てってい》をもとに北部九州で鉄鍛冶が始まった。つまり鉄を加工するようになったのである。

鍛冶の始まりは発掘された鍛冶滓や鍛冶に使用した炉から推定できるが、現在のところ、最古の鍛冶滓は扇谷《おうぎだに》遺跡（弥生前期末から中期初頭。京都府）で、最古の鍛冶炉は赤井手《あかいで》遺跡（弥生中期末。福岡県春日市）で発掘されている。後者からは一部溶融された形跡も見られように、すでに相応の高温を得ていたと考えられる。

弥生中期から後半にかけて石器は消え、広く鉄器が分布する。このころは北部九州が鉄器生産を独占しており、やがて九州各地、中国地方、畿内へと広まり、全国的には弥生後期後半（三世紀）に鉄器への移行がほぼ完了する。

古墳時代に鉄器生産つまり鍛冶技術の革新を迎えた。先に述べたように応神天皇の御代に百済より韓鍛冶が来朝し、先進の技術を伝えている。彼らが伝授した技術の詳細は不明だが、それまで小規模で分散的になされていた倭鍛冶《やまとかぬち》が、大規模で集中的な効率的生産へと変わり、生産規模、生産量ともに画期的な変化があったと思われる。

さて、鉄生産の始まりは鍛冶と同じように精錬滓や精錬炉から推定できるが、最古の精錬滓については多くの説があり、いまだ確定に至っていない。弥生時代の製鉄はまだ確認例がないが、最古の精錬炉は大蔵池南《おおぞういけみなみ》遺跡（岡山県）、金くろ谷遺跡（広島県）、コノリ池遺跡（福岡県）、野方《のかた》新池遺跡（福岡県）など、いずれも六世紀から七世紀とされており、現在は古墳時代を製鉄の開始とする説が有力である。

古代の製鉄を考えるとき、北部九州は非常に重要な意味を持つ地である。博多近郊を始めとする北部九州は、日本で最も早く鉄器使用が行われた地域と考えられており、昭和四十三（一九六八）年の糸島・今宿の調査でたたら跡が五十四カ所発見されたように、日本最古の製鉄が行われた可能性が一番高いといわれている。

鉄生産技術はやがて九州各地、中国地方、畿内、関東へと伝播していき、時代が下がると箱形炉の他に円筒形の竪形炉も生まれる。鉄原料は、鉄鉱石を用いた例もあるが、ほとんど砂鉄である。

日本古代の製鉄炉は、同時代の中国大陸に比べて小規模であった。しかし、箱形炉は中国山地で徐々に大型化し、独特な技術的発展を遂げながら近世たたら炉へと進化し、次第に九州の優位・先進性は失われていく。奈良・平安の律令時代には鉄生産は中央権力に掌握されるようになり、銅の生産、鉄器の生産とともに官営となっていった。奈良・平安期には送風量を高めた竪形炉で高温が得られるようになり、銑鉄で鋳物をつくるようになった。ついに鉄の鋳物師が誕生したのである。

鉄生産の開始時期の特定はなかなか困難な問題である。縄文晩期から古墳時代まで、学者間でも論争が繰り返され、その主張には長い時間の差がある。

その時期を古墳時代とすれば、鉄器が使用された縄文期から鉄生産までには約八百年もの時間を要したことになるが、あまりにも長過ぎるインターバルではなかろうか。鉄の有用さをすでに知っていた倭人が、これほどの学習期間を要したとはとても思えない。弥生中期以降、石器が姿を消し、さらには大型の銅鐸を製作する冶金技術をすでに持ち、また、ガラス製造に見られるように高温度を得ていた。何より先進地からの渡来人の存在がある。弥生時代に小規模な原始的方法で製鉄は行われていたが、六世紀ごろに画期的に生産力が向上したのであろう。第一章で探ったように地理的条件や各地に残る伝説・神話を鑑みれば、出土例はなくとも、多々良地区周辺の福岡平野を我が国の鉄の始まりとする夢は許されよう。

たたら製鉄法

ベッセマーの転炉

製鉄技術史上で最大の事件は、まず鉄製造の発明にあり、次いで高炉法の誕生、ベッセマーの転炉の登場である。ここでは溶鉱炉で精錬・溶解を行い、転炉で鋼にし、その鋼を圧延《あつえん》する現在の製鉄所での鉄づくりを見たい。

次頁は私が教える工業高校の教科書に掲載の図である。巨大工場でつくられるので、この工程を見る機会は少ないが、北九州を訪ねると徳利《とっくり》の形をした高い丈の溶鉱炉が澄み切った青空に聳え立つ。この溶鉱炉は高炉とも呼ばれるが、文字通りの高さに圧倒される。この巨大な高炉に鉄鉱石、コークス、石灰石を投入して燃焼させる。炉内温度は二〇〇〇度以上の高温になり、効率的に還元がなされ、溶解して銑鉄となる。もっとも、高温であるがゆえに炭素の他、珪素、マンガン、燐、硫黄などの不純物が混入し、銑鉄は鍛造や圧延加工ができない。

銑鉄を粘り強い鋼にするには炭素量を減らして不純物を取り除くもう一段階の工程が求められる。長くこの作業に苦心惨憺していたが、一八五六年、ついに製鉄史上画期的な発明がなさ

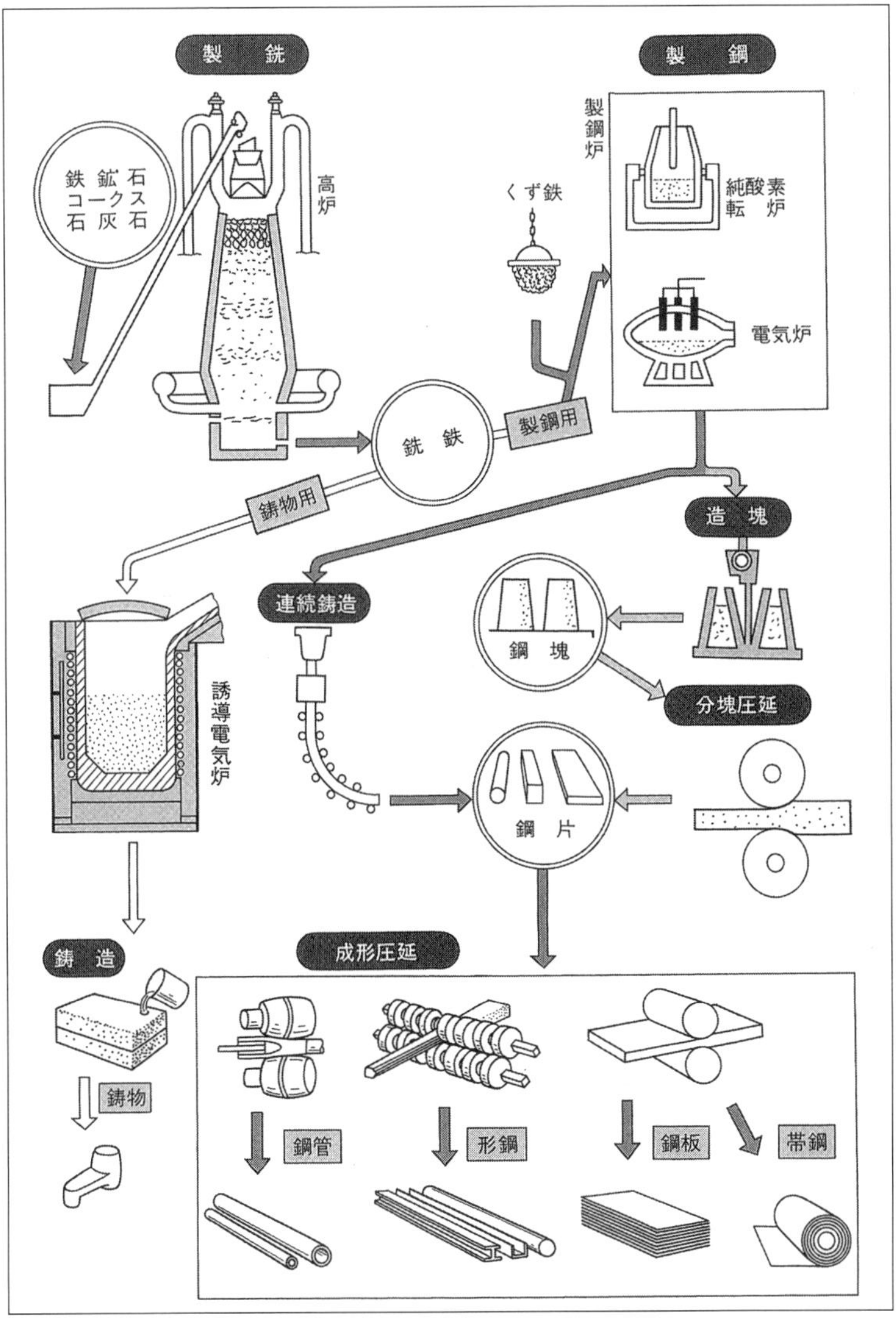

鋼材の製造工程（『機械工作１』実教出版より）

れた。ヘンリー・ベッセマーの転炉（converter）である。発表時、誰もが驚いたこの方法は、溶けた銑鉄にただ空気を吹き入れるだけで、短時間に溶けた鋼に変えたのである。まさに変えるもの（converter）であった。

技術者たちを驚愕させたベッセマーの発明から四十年後の一八九〇年、アメリカの製鉄人アブラム・エス・ヘウットは「ベッセマーの発明が中世以来の有り様を一変させた大事件と肩を並べるものであることはいうまでもないくらいである。印刷術の発明、羅針盤の発明、アメリカ大陸の発見、蒸気機関の発明、こうしたものだけがベッセマー法と同じ種類に属する近代史における重要事件である」と絶賛している。

ベッセマー法の登場は、我が国が浦賀沖にペリーの黒船を迎えた幕末時に当たるが、こうして安価な鉄を大量生産できるようになり、産業革命とともに世界の文明を大きく変え、ついには純酸素を吹きかける現在の純酸素上吹転炉（ＬＤ転炉）へと進化した。ところが、この偉大なベッセマーの大発明の源に我が国の技術が姿を現すのである。

室町時代に摂津国多田《ただ》庄（現兵庫県川西市）の山下村で銅屋新右衛門が発明したとされる「山下吹き」の銅精錬法は、まさにベッセマー法と同様に空気を吹きつける我が国独特の酸化精錬技術であった。さらには一六六九年、ロンドンで出版されたマンデラスの日本旅行記『航海と旅行』には、ベッセマーの発明より三百年前の日本で溶鉄への空気吹き込み法が行われていたことを推察させる記載がある。

ヨーロッパが我が国の高度な金属製造技術に関心を示し、空気吹きに着目したのは充分あり得ることである。

官営八幡製鉄所の東田高炉

「1901」と書かれた大きなプレートが高々と掲げられた八幡製鉄所の東田高炉。海の外では史上最大の鉄鋼会社トラストUSスチール社が登場した年に、我が国で歴史的な火入れがなされた記念すべき高炉である。綺麗に塗装された勇姿が産業文化財、産業遺産として輝かしい歴史を誇るように聳え立っている。高炉築造の際、四年に及ぶ大事業に関わった誇り高い技術者たちは様々な願いを記した書を炉底部の煉瓦の下に埋め込んで祈願したが、一世紀を経た平成十四（二〇〇二）年四月十日、北九州の地に新しい高炉が誕生した際にも、炉内部には技術者たちが一枚一枚に熱い思いを刻んだ煉瓦が埋め込まれた。今も昔も、技術者たちの思いは一向に変わらない。

東田第一高炉（北九州市八幡東区）

「山へ山へと八幡はのぼる　はがねつ

むように家がたつ」

溶鉱炉の煙が山へ山へと上るように、家々が山を切り開いて頂上まで建つほどに発展した様子を、昭和五（一九三〇）年、詩人北原白秋は「八幡小唄」の一節で表している。巨大な溶鉱炉誕生で、寒村であった八幡は大きく変貌し、昭和三十年代には八基もの高炉が聳え立つ有数の工業地帯となった。実際、八幡では、明治三十（一八九七）年の二六〇〇人ほどの人口が五年後には一万人を超え、さらにその五年後は二万人近くまで膨張し、その後も凄まじい勢いで増加し続けた。

この歌碑が八幡製鉄所の東門正面、緑に覆われた丘陵地の高炉台公園の高炉を模した塔の近くに立つが、公園から一望すると、まさに家々が煙同様、上へ上へ建ち上った様が容易に想像できる。視線を海岸側に移すと、工場群の中に徳利形の高炉が遠望できるが、スペースワールドなどのアミューズメント・スポットがいかにも目立つ。この地の光景もずいぶん変貌してしまった。

焔《ほのお》炎々　波濤を焦がし
煙濛々《もうもう》　天に漲《みなぎ》る
天下の壮観　我が製鉄所
八幡　八幡　吾等の八幡市

市の進展は　吾等の責務

白秋が作詞した「八幡市歌」である。彼は大きく変貌した現在の八幡の街をどのように詠うであろう。

イギリスとアイルランド

水車を利用して木炭に送風し、大量の鉄鉱石を精錬する高炉は、十五世紀前半にドイツ西部のライン川とマース川に挟まれた三角地帯アイフェル地方で登場した。この高炉がイギリスへと伝播し、大量生産と鋳造時代を迎え、高炉で製造された鋳鉄砲はハンザ同盟のドイツ商人を国外に追い出し、無敵のスペイン艦隊を撃破し、ついにはイギリスは海の支配者となった。

数年前に友人を訪ねてイギリス、アイルランドを旅する機会を得たが、車窓から眺める風景は日本とは明らかに異なっていた。友人は日本の火山を見て驚いたが、私はこの国に高い山が見当たらないのに驚いた。この国では山が低いゆえに木材伐採が容易で、森林は高炉用の膨大な木炭製造のために次第に荒廃していった。ついに自国の山々を丸裸にしたイギリスはアイルランドまで進出したものの、この地もまた荒廃に帰してしまい、十八世紀末までの約百年もの間、イギリスは鉄鋼を輸入に頼らざるを得ない逼迫した状況にまで追い込まれてしまった。

国民経済学の創始者と呼ばれるアンドリュー・ヤラントンは、「森林は製鉄業にとって羊毛

露天掘りの泥炭田（アイルランド）

業における羊の背中のようなものである」と述べている。今なお、この国々の牧羊は主要産業で、我々の車に飛び込む羊集団もいたほどであったが、亜熱帯多雨性気候の我が国と違い、森林の再生能力に劣るこの国にとって、当時の森林の荒廃は国の骨幹を脅かす大事件であった。

アイルランドでは友人宅の牧場を訪ねて団欒しているときに、部屋を明々と暖めている暖炉の燃料が木炭、薪とも違うのに気づいた。尋ねると、泥炭《でいたん》と呼ばれる燃料であった。露天掘りの現場へ連れていっていただいたが、石炭同様、埋蔵量も豊富に思えた。当然、この泥炭や石炭を木炭の代替品として鉄精錬を試みているが、成功に至っていない。これらの燃料に含まれる硫黄や燐などの不純物が、でき上がった鉄に悪影響を及ぼすからで、この問題を解決したのが今日に繋がるコークスの登場である。

コークス（coke）とは石炭を約一〇〇〇度の温度で蒸し焼きにして石炭ガスを除いた発明であるが、十八世紀初めイギリスのアブラハム・ダービー一世が初めてコークスを製鉄に用いて成功を収め、ついに木炭から開放された。イギリス人は自らの力で国家の難問題を見事に解決したといえよう。

コークス高炉法の出現で、実に百年振りにイギリスの製鉄は復活し、失われた森林は緑を取り戻し、国土荒廃の瀬戸際まで追い込まれた国は救われた。そして一七七九年、コークス高炉発祥の地コールブルックデールのセバーン川に世界最初の鋳鉄製の橋が輝かしく開通、この地はイギリスの鉄の歴史上、最も著名な町として長くその名を残すのである。

さて、世界の鉄鋼業は、現在もこの方法を基本とするが、残念ながら大量の電力を要し二酸化炭素（CO_2）を排出する巨大産業であり、環境問題対策のために「溶融還元製鉄法《ようゆうかんげんせいてつほう》」という次世代の製鉄技術が用意されていると聞く。これは、鉄鉱石や石炭を事前に熱処理せずに投入できる、コークス炉不要の方法である。

国土荒廃の危機をコークスという新しい技術が救い、今また、環境対策のために新しい技術が誕生した。技術の本質がまさにここに現れているといえよう。惜しいことに現在の厳しい社会情勢下で企業は設備投資に慎重にならざるを得ず、また、現在の高炉が改修を重ねると半永久的に使用できることからいまだ実現には至っていない。環境対策のために早期導入が待望される新技術であるが、それにしても技術の進歩は目覚ましい。

石の文化

旅行での感想をもう一話。産業革命と製鉄技術で世界を席捲した大英帝国。誇るべき歴史遺産は実に多い。大英博物館近くのホテルに宿泊したので、近所に出かける気軽さで訪ねると、観光客も多く、いつも行列に並ぶ憂き目に遭遇したが、驚いたことに世界の貴重な数々の文化遺産の展示を観光客に無料開放しており、事前知識もなく訪れた私には大いなるカルチャーショックであった。また、この国にはこのような博物館が実に多かった。すべての博物館を回ることは叶わなかったが、実に羨ましい都市である。科学博物館には"tatara"の文字があるとのことであったが、わざわざ japanese old steelmaking と説明しなくても tatara で充分通用するようである。日本刀を始めとして諸外国が我が国の優秀な技術に関心を抱いていたことを証明するものである。

街中の鉄柵（ロンドン）

また、街には古い石造建築が多く、木造建築主体の我が国との建築様式、文化の違いを至る所で感じた。それにも増して感じるのは、街中に溢れる鉄の存在感である。木造建築では鉄の存在感はいささか希薄だが、石造建築では流麗なデザインの鉄造形物が随所に組み込まれている。我が国が小規模生産体系のたたら製鉄法で鉄を賄えたのは、鉄消耗量が少ない「木の文化」の国であったためといえよう。逆にいえば、「石の文化」

のこの国には鉄生産はいかにも切実な問題であった。町を散策すると鉄門、窓格子、門扉、街灯、ドアノブなどに多く見られ、また、銀行や保険会社などの鉄プレートの社章が企業の個性をアピールするようにビルに掲げられていた。

霧の町ロンドンに灯るガス灯。小説や映画での幻想的な場面に登場するガス灯が、街頭に初めて灯されたのは一八〇七年。ガス灯もまた、コークス製造の際に発生する多量の石炭ガスの副産物として誕生している。我が国で十数基のガス灯が初めて横浜に灯ったのは明治五（一八七二）年である。ユーラシア大陸の西と東に位置する島国、日本とイギリス。その距離以上の違いを町に溢れる鉄造形物に見た気がした。

古代のたたら

幕末に近代洋式製鉄法が導入されるまで、悠久の時間、我が国を支え続けたたたら製鉄法とは一体どのような方法で、いかに進化したのであろう。まず、たたら製鉄法の特徴を整理してみたい。

①原料は砂鉄、燃料は木炭である。
②炉は小さく箱形（円筒形のものもある）。
③炉の地下には熱の放出を避けるため精密な炉床が設置されている。

④鉧《けら》押しといわれる直接製鋼法である。
⑤造滓剤は炉壁の溶融によって与えられる。

たたら製鉄の起源は、依然として不明な点が多く、謎に満ちた製鉄法であるが、初期には河原や海岸近くの台地、あるいは山沢のような場所で、斜面から吹き上げる自然風を利用して薪を燃焼させた単純な方法であったに違いない。このような素朴な方法で鉄ができるかという疑問も残るが、『たたら製鉄の復元とその鉧について』（たたら製鉄復元計画委員会報告）によれば、一九〇九年に河原で砂鉄を六〇センチほど積み上げて、その上に薪を積み重ね、夜通し燃やして翌朝に鋼塊を収拾している朝鮮での目撃談があり、初期にはこのような方法で始まったと推察される。

ただし、この方法では溶融状態には至らずスポンジ状の還元鉄で、このままでは使用に耐えないので、再び火中で加熱、鍛錬を繰り返して小さな鉄製品にする極めて原始的な方法である。この後、簡単な炉が登場する。炉築造も最初は土に始まり、火に強い粘土に土を混ぜるなどの改良がなされたであろう。製鉄技術の導入ルートの相違とも考えられる箱形と円筒形の二種類の炉形があり、西日本には箱形炉が多いという。

薪も木炭へと変わり、ふいごを使う人工的な送風となった。とはいえ、野だたらと呼ばれる屋外での作業には変わりない。雨、風の影響で、操業時期も限られた上に、原料の砂鉄や燃料の木材を求めて各地へ定期的に移動が行われたに違いない。

その後、長い期間を要して安永年間（一七七二－八一年）ごろに、野だたらから屋内作業の高殿《たかどの》へと移り、天候を気にせず、一年中安定操業ができるようになった。ふいごにも改良がなされ、天秤ふいごを用いることによって風量が増して温度が上がり、作業能率、精錬能力が飛躍的に進歩した。いわば、江戸期にたたら製鉄法は完成した。とはいうものの、操業終了後に痩せ細った炉壁は次の操業には耐えられないので炉を壊し、再度つくり直さなければならず、送風も人力による極めて非効率的な方法である。ただ、非効率ゆえに、この製鉄法の優れた特徴があり、素晴らしい鉄を生み出したのである。現在のように科学的に解明されるわけでなく、経験を一歩一歩積み重ねながら進化し、完成された近世たたら製鉄法から日本の鉄づくりを探りたい。

近世のたたら

地表に露出する炉は、高さ約一・二メートル、長さ約三・一メートル、幅約一・三メートルの長方形断面の箱形炉である。炉中に砂鉄と木炭を交互に挿入、天秤ふいごで送風するが、炉底から水分を吸収して熱が逃げるのを防ぐため、地下構造は驚くほどの緻密さである。炉高の約二・七倍もの深さに掘り下げた最下部に排水口を置き、周囲や上部には砂利や粘土を敷き詰めて固め、さらに、その上に薪を炭にして残した本床《ほんどこ》、そして小舟《こぶね》と呼ばれる空洞から成り立

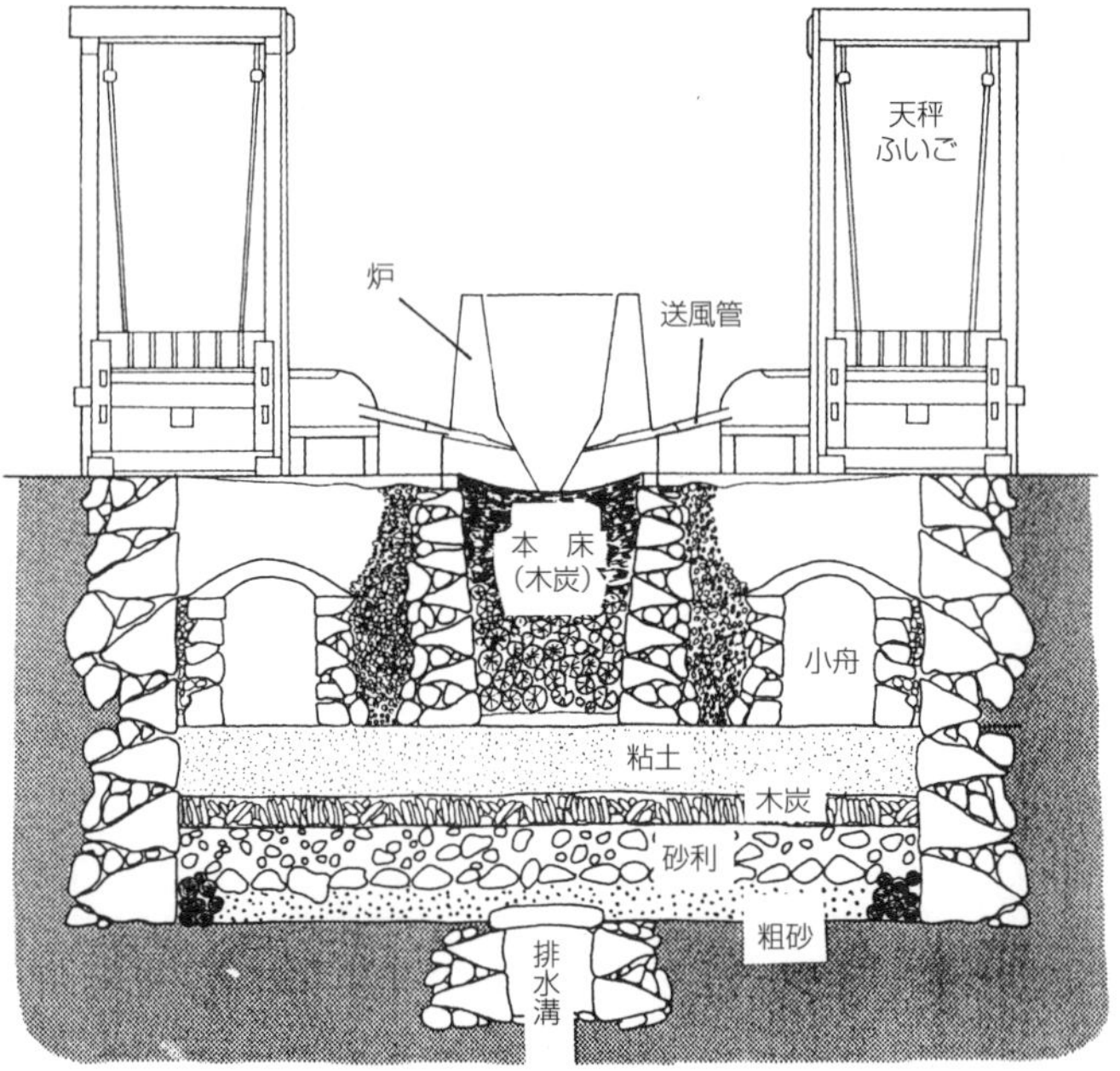

たたら炉の構造（和鋼博物館パンフレットより）

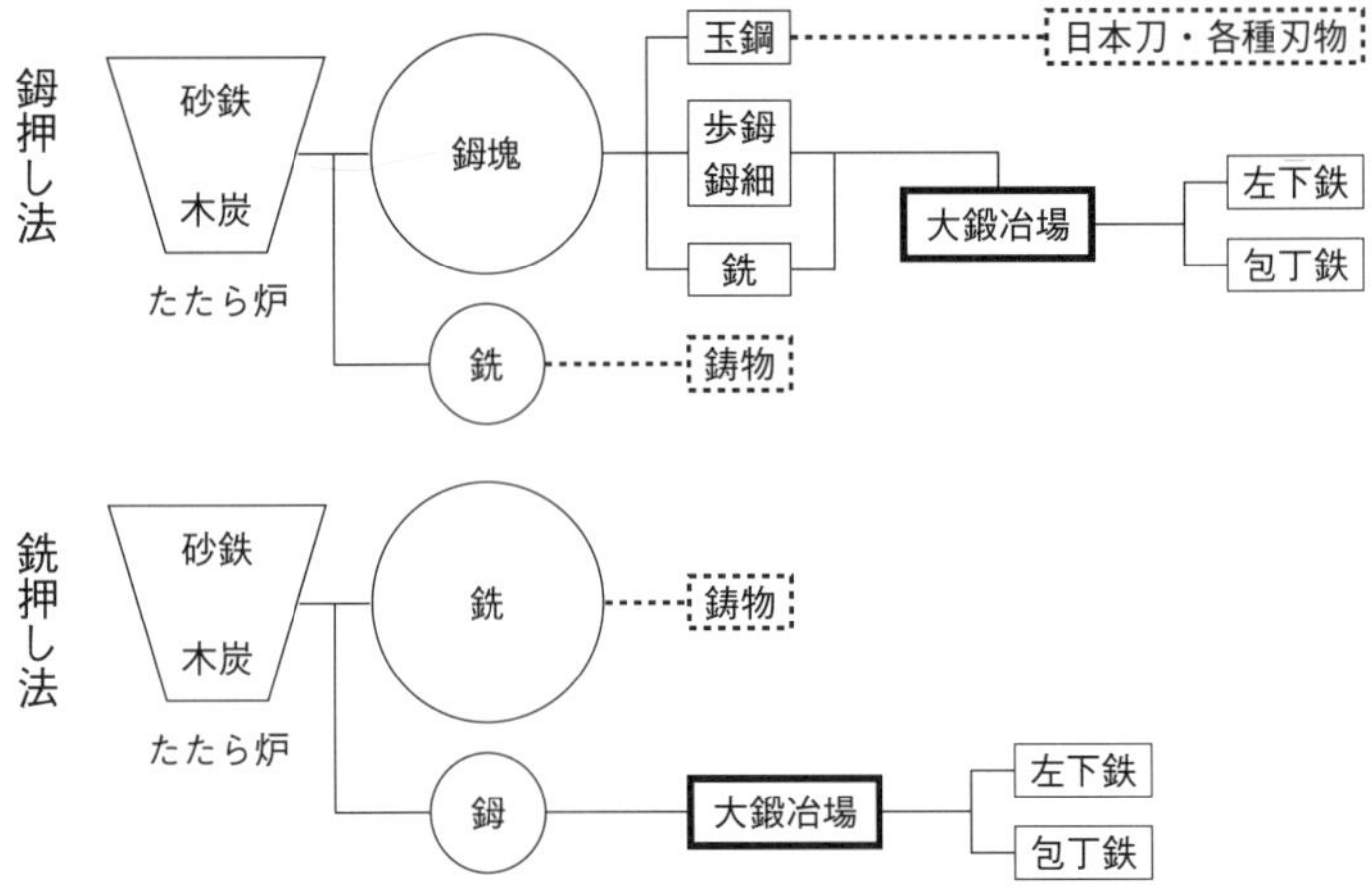

たたら製鉄の工程

つ。この地下構造を完全乾燥させた後、薪を積み重ねて燃焼させ、長い木の竿で叩き締めてカーボンベッドをつくる。この作業を下灰づくりといい、その上に本体の炉を築く。入念な築炉作業が完了した後に、さらに充分に乾燥させてから操業に入るのである。

このように築炉作業は大変な手間と労力を要した。優れた鉄を生み出すには、何としても湿気を避けなければならなかった。炉は精錬の際、鉄に食われて次第に細くなってしまい、ついに耐えられなくなったときが、一代《ひとよ》（三昼夜もしくは四昼夜）の作業完了である。現在の高炉法との大きな違いである。

日本刀を始めとする刃物の原料となる鉧

砂鉄から鉄製品までの工程には、基本的に二つの方法がある。金遍に先と書く銑《ずく》押し法と、金遍に母と書く鉧《けら》押し法である。銑押し法は炭素量の多い銑鉄をつくるのを主目的とし、でき上がった製品は和銑《わずく》（生鉄《なまかね》）と呼ばれる。

鉧押し法は炭素量の少ない鋼の製造を主目的とする方法で、製品は和鋼と呼ばれるが、原料の鉱石（砂鉄）からいきなり鋼をつくるので直接製鋼法である。現在の製鋼法は、まず溶鉱炉で銑鉄をつくり、それから転炉で炭素量を減らす二段階の工程を経る間接製鋼法で、この面でもたたら製鉄は極めて特徴的である。

銑押し法も鉧押し法も、でき上がった製品は銑と鉧の両方となるが、どちらの製造を主目的にするかの違いである。

鉧押し法では冷却後、砕かれて品質別の等級に分けられるが、良質な玉鋼《たまはがね》は日本刀や鋸、鏨《たがね》などの刃物原料としてそのまま出荷され、その他は大鍛冶場と呼ばれる作業場で半溶解状態まで再加熱、鍛錬して脱炭《だったん》と同時に含有されている滓が絞り出される。これが包丁鉄で、日本刀の心鉄や刃物の刃以外の部分、農工具や日用品などの材料に使われる。大鍛冶場での作業はいわば精錬に当たり、方法は異なるが現在と同じ間接製鋼法で、この方法も特徴的である。

銑は専ら鋳物用として供されるが、一部は大鍛冶場で包丁鉄にされた。銑押し法には赤目砂《あこめ》鉄や浜砂鉄を用いるのを特徴とする。炉幅が広がり、羽口が少し下向きになっているなど、炉の構造には若干の違いが見られる。

一回の操業は銑押し法では四昼夜連続作業、鉧押し法は三昼夜連続作業で行われ、年間約五十―六十代の操業が行われるが、操業が難しい夏以外はほとんど無休操業したと思われる。この過酷な精錬作業を人里離れた幽谷の地で行った。

製鉄所は鉄穴《かんな》流しによる砂鉄の採取、たたら炉による精錬、大鍛冶場での脱炭、そして木炭の製造などの各作業部門より成り立ち、製鉄所を山内《さんない》と呼ぶ。そこで働く職人には名がつき、総責任者の村下《むらげ》、補佐役の炭坂《すみさか》、手伝いの炭焚《すみたき》、ふいごを踏む人を番子《ばんこ》と呼んだ。「代わり番子」の言葉はここから生じた。

「男もつなら番子より乞食、乞食や寝もする楽もする」と、千種《ちぐさ》鋼で有名な兵庫県千種町に残る「たたら歌」の一節にあるように、三昼夜連続でふいごを踏み続ける番子六人は、二人ずつの四十分―一時間ごとの代わり番子とはいえ、いかにも激務であった。ちなみに番子は番子歌を歌いながら踏みふいごの島板を踏むが、歌は交代の時間を示す役割も果たしたと思われる。いかにも切なく哀愁を帯びて響いたに違いない。

砂鉄を洗う粉鉄《こがね》洗、製炭関係の山子《やまこ》と頭の山配《やまはい》、大鍛冶場には職長の大工《だいく》、補佐の左下《さげ》、槌で鍛錬する手子《てご》、雑用もする炭伐《すみきり》など、職務の本質を得た実に絶妙なネーミングである。このような人々が家族も含めて三百人以上の集団で、隔離されたように山内を築いていた。

八俣の大蛇

映画「もののけ姫」では、たたら場を舞台に、人里離れた山内が城塞のように描かれて別世界を形成していた。ただ、映画と違い、実際のたたら場は女人禁制の男たちの職場で、映画にもあったようにならず者や社会から阻害された人々が逃げ込んでくることも度々であった。また、厳しい労働ゆえに逃げ出す者も多かったのである。また、木炭を生産するための山林伐採は尋常ではなく、まさに周囲の山々を禿げ山にした。禿げ山になれば雨期には洪水が麓の田畑を荒らし、また、砂鉄採取でも鉄穴流しの方法で濁った水を流し続けた。当然、山里に暮らす農民との間に激しい対立関係が生じたであろう。

「その目は赤《あか》かがちの如くして、身一つに八頭八尾《やかしらやを》あり。またその身に蘿《こけ》と檜椙《ひすぎ》と生《お》ひ、その長《たけ》は谿八谷《たにやたに》峡八尾《をやを》を度《わた》りて、その腹を見れば、悉《ことごと》に常に血爛《ちただ》れつ」（『古事記』）

八俣《やまた》の大蛇《おろち》の登場である。田畑を荒らし、ときに傍若無人の振る舞いもあった不定住の得体の知れない製鉄集団を、何とも異様な姿の八俣の大蛇にたとえたと伝わる。これは山の民と里の民との生産体系の違いの対立、争いを示す神話であろう。高天《たかま》の原を追われた乱暴者須佐之《すさの》男命《おのみこと》が農民の嘆きを知り、八俣の大蛇に酒を飲ませ、酔って寝込んだところを十拳剣《とつかのつるぎ》を振るって退治して農業開発の神となった。

　八俣の大蛇を切り割いた尾から出た草薙《くさなぎ》の剣、もともとは「天叢雲剣《あめむらくものつるぎ》」と呼ばれた剣で、後に日本武尊《やまとたけるのみこと》の東征の際に焼津《やいづ》での災難で、この剣が自ら抜け出し、草を薙いだ由縁でついた名前である。八咫鏡《やたのかがみ》、八坂瓊《やさかに》の曲玉《まがたま》とともに三種の神器の一つで、熱田《あつた》神宮（名古屋市）の御神体である。この剣が鉄剣か銅剣かは不明というものの、古代の鉄づくりの困難さと鉄の備えた力を神話の中で示したと思われる。

　上流地より清らかな水を集め、耕地を潤してきた多々良川が、大雨ともなれば濁流と化し、耕作地を度々襲ったことが地名に示されていた。多々良川水源となる山々も、いくたびとなく禿山と化したであろう。

　多々良川上流域に駕与丁《かよいちょう》池（粕屋町）がある。春日市の白水《しろうず》池、福津市の牟田《むた》池とともに筑前三大池に数えられ、元禄十（一六九七）年築造の池と伝わり、周囲には多数の溜め池が散在している。旧石器持代の石器や縄文時代の遺跡が出土しているように古くから生活が営まれていた地で、駕与丁とは神功皇后の籠を担いだのを由縁ともするそうだが、この池にも大蛇伝説が存在し、大蛇が住む「魔の池」として人々に恐れられた。周囲四キロ余りもある池は、出入りの岬が八つに分かれ、一つの入り江に一つの頭を出しているといわれ、水死者が出るたびに大蛇のせいと恐れられたと伝わる。出雲の八俣の大蛇伝説とずいぶん重なる話である。

河童伝説

日本各地には八俣の大蛇に限らず、古くからこのような神話や伝承などが、今日まで伝えられてきた。このような神話・伝承には修飾が多く、物語性が強いものの、事実が巧みに隠されている場合があり、その意味で非常に興味深いものに河童《かっぱ》伝説がある。

河童と鬼は数多く存在する日本の妖怪でも突出した二大巨頭だそうだが、確かに幼少時から馴染み深い妖怪で、愛嬌ある河童の独特な姿に愛好者も多い。

河童といえば作家の火野葦平が有名で、この人は本当は河童だったのではと揶揄されるほどの愛好者であった。北九州市若松区の高塔山《たかとうやま》には彼の「石と釘」という小説の材料になった河童封じの地蔵尊があり、背中に打ち込まれた大きな鉄釘が河童を封じているといわれる。

熊本県の八代市に「河童渡来の碑」という珍しい碑が立つ。碑文には「オレオレデーライタ」の文言があるが、これは「呉からたくさんの人が来た」という意味らしい。今から一五〇〇－一六〇〇年前、中国の呉の国から九千坊という文武に優れた頭目に連れられた河童の集団

当仁小学校前に立つ河童像（福岡市中央区）

が渡来し、医学や土木などの技術を伝えたという。

各地に残る河童伝説には、河童の命と引き替えに秘伝薬を教わったなどの話が多く、このような渡来人が河童伝説の原形とも考えられるが、そこには製鉄あるいは野鍛冶の臭いがする。八俣の大蛇の項で述べたように、得体の知れない集団が人里離れた山内で製鉄を行い、砂鉄や木炭を求め移動した。このため河童伝説は広く各地に伝わったのではなかろうか。時折、山を下りて川砂鉄を蓬髪の頭にのせて運ぶ姿は、恐れを抱いていた里の人々には誠に奇妙な姿に映ったであろう。春に山を下り、秋には山に戻る河童の習性も語られるが、たたらの操業時期との関連においても納得できる。何より河童の出没地は川が中心で、河童の存在地とその姿形は、鉄との関連を連想させるには充分だ。

大野芳氏が『河童よ、きみは誰なのだ』（中公新書）の中で河童と鉄との関係に触れているが、私には河童の中心は鉄をつくる人々であったと思えてならない。であるならば、多々良川流域にも河童伝説がきっと残っているに違いない。大壕公園北側、黒門《くろもん》川通りの当仁《とうにん》小学校前に可愛い河童像が立ち、百道《ももち》や宗像《むなかた》など近隣にも数多くの河童伝説が残っている。やはりというべきか、多々良川流域にも神功皇后に縁のある河童が住み着いていた。

神功皇后が宇美の弥勒山《みろく》（宇美公園）の春日明神にお参りのため川を渡ろうとしているとき、数匹の河童が馬の足を引っ張って動けなかった。そこで、「この岩の上の馬蹄の痕が消えてしまうまで、お前たち河童は宇美の人々に悪さをしてはならない。もしもその戒を破れば宇美川から追放する」と諌めたところ、二度と悪さをすることはなかったと伝わるが、神功皇后に悪さをするとは大した河童である。神社裏の「宮井堰《みやいぜき》」下のこの岩は、砂や石に埋まり、今は見えなくなったものの、河童が悪さをしないところから、皇后の馬蹄の跡がきっと残っているに違いない。

たたら製鉄の周辺

ふいごの変遷

キャンプで火を熾《おこ》すのに、竹筒を使い息を吹き込み、ウチワで扇《あお》いだりするように、燃焼させるには酸素が要求される。ただし、このような方法では風量も弱く、第一、疲労困憊して長続きしない。また、この目的では一度火が熾れば、後は自然燃焼で充分である。しかし、金属を還元・溶解させるには高温度を長時間維持する必要があり、常時、大量の風を送るための装置がふいごである。

ふいごも吹籠、吹革、吹子などと表記の変化が生じているように機構の改良がなされた。「蹈鞴《たたら》」の蹈は臼を足でトントン踏む様子を表し、鞴《ふいご》は革袋のふいごを意味するが、足で踏んで送風する大型ふいごがたたらで、もともとは踏みふいごを意味していた。

鉄を精錬するには高温度が要求されるので多量の酸素を供給しなければならない。ゆえにふいごも改良が重ねられた。後にはたたらが製鉄法を意味するようになったことからもわかるように、鉄づくりはふいごの能力に大きく左右されたのであろう。

最初は風に煽《あお》られて火力が強くなるのを見て、風の強い場所での自然風を利用したであろう。その後、気ままな自然風でなく、人力で強制的に風を送る形に発展し、常時風を起こすようになった。最初のふいごは、鹿皮を収風装置として用いたのではなかろうか。『日本書紀』の神代紀に「真名鹿《まなか》の皮を全剥《うつはぎにはぎ》て天《あま》の羽鞴《はぶき》に作る」とあり、ふいごの詳細には触れられていないものの、中国の漢代にはすでに皮ふいごが存在していることから、鹿皮袋のふいごが朝鮮半島を通じて伝わったのであろう。

天秤ふいごの登場まで主流を占めた吹差ふいご

　志賀島の志賀海神社には一万本の鹿の角が納められた鹿角《ろくかく》堂《どう》がある。昔は鹿が生息しており、この地でも容易に鹿皮のふいごの製作がなされたことであろう。延長八（九三〇）年の『倭名類聚抄』には、「皮吹子」と区別して「踏鞴」が記載されて「たたら」と読んでいるが、温度上昇のために製鉄用ふいごの革新が見られ、踏みふいごが登場し、次いで鍛冶屋で見かけた箱形の吹差《ふきさし》ふいごが現れる。このふいごの登場は鎌倉初期から中期と思われ、製鉄用ふいごの主流を占めたが、天和－貞享（一六八〇年代）のころ、天秤ふいごが登場すると高殿たたらの室内操業となり、近世たたら製鉄法が確立した。このふいごは吹差ふいご（二個つき）の約二倍、踏みふいごの約四倍までに大きく生産能率を上げたものの、人力頼りの過酷な労働には変わりない。

水碓と鳴石

『日本書紀』天智天皇九（六七〇）年九月条に「水碓《みずうす》を造りて冶鉄《かねわか》す」との記載があるが、この解釈には二つの考え方がある。ふいごを水車で動かして送風した説と、鉱石を粉砕するために水車を用いた説である。素朴な疑問であるが、ふいごを動かす動力用であれば自動化・省力化で、この水車の意味は大きい。

「鞴の運用は水車を用ひたる」と『島津斉彬言行録』にあるように、安政元（一八五四）年に薩摩藩の溶鉱炉で使われ、江戸期の使用も見られるものの、本格的な水車の使用は明治に入ってから後で、番子の必要性がなくなるには長い時間を要している。技術の伝来ルートの相違と思われるが、日本でも一部では鉄鉱石を原料に使用していたことからも、鉄鉱石粉砕に水碓を用いたと考えるのが妥当であろう。

真弓常忠氏は『古代の鉄と神々　改訂新版』（学生社）で大略次のように述べている。

「褐鉄鉱の団塊とは、地下水に溶解した鉄分が水辺の植物（葦、葛など）の根を徐々に包んで周囲に固い外殻ができたもので、こうしてできた団塊の内核は脱水・収縮して、振るとチャラチャラと音が鳴る。ゆえに『鳴石』、『鈴石』と呼ばれ、太古にはこれを『スズ』と称し、褐鉄鉱の団塊が植物の根に密生している状態を『すずなり』（鈴生）と呼んだ。そして、『スズ』を粉砕して製鉄原料とするために水碓を用いた。

不思議な神霊の声、鳴石の生成を待ち望んだ民は、鈴や鐸を振り鳴らす神事を行った。そして同類のものを地中に埋納して生成促進を祈ったのが銅鐸であり、鉄鐸もまた、同じ用法で使われたという」

『古語拾遺』では鉄鐸を「さなき」というとあり、この鉄鐸を銅鐸の末裔とするのが定説である。しかし氏は、鉄鐸と銅鐸は併存していたか、あるいは鉄鐸の方が銅鐸の祖型であるとも見て、銅鐸が沼沢や湿原に面した斜面で多く出土するのも、その間の事情を物語るという。実際、褐鉄鉱石は容易に採集できるが、古代には鳴石が重宝がられたに違いない。多々良川流域でも鳴石の生成を願って神事がなされたと考えられるが、嘉麻市のかって塚古墳からは銅鐸より小さい鉄鐸が七個出土している。

多々良潟は葦、蔦が群生する広大な沼地であったことから、鈴なりの褐鉄鉱は豊富に採集できたに違いなく、この地で鉄鐸を使った神事がなされ、鉱石粉砕用に水碓も使われたことであろう。

砂鉄七里に木炭三里

海や山、公園でバーベキューを楽しむ家族連れや団体によく出会う。私も時折、家族サービスと称して楽しむが、欠かせぬ必需品は木炭である。そもそも、人類と木炭の付き合いは三十万年以上も遡る。人類は暖房、炊事だけでなく、ときに信仰など、様々な用途に木炭を利用してきたが、金属精錬用燃料として果たした木炭の役割は実に大きい。

「砂鉄《こがね》七里に木炭《すみ》三里」。砂鉄は遠く離れた場所でも構わないが、木炭は近隣でなければならないというこの言葉は運搬の大変さを意味すると同時に、木炭確保が鉄精錬においていかに重要なポイントであったかを的確にいい表している。

たたら製鉄法が確立した江戸時代には、一二〇〇貫（約四・五トン）の鉄生産のために四千貫（約一五トン）の木炭を要しており、この膨大な木炭をたった三昼夜、四昼夜の一代で消費した。年間に五十－六十代の操業が行われることや、炭素と滓を絞り出すために再加熱する大鍛冶場の存在などを考慮すると、想像を絶する木炭量が必要とされることになる。

四千貫の木炭を焼くのに必要な山林の広さは約一町歩（ヘクタール）とされている。年間五十代の操業として、単純計算で五十町歩である。一般に森林の再生には三十年から四十年ほどの歳月を要するといわれるが、四十年として約二千町歩以上の広大な山林が必要とされる。島根県吉田町の田部《たなべ》家の高殿では年間に三十万貫（約一一二五トン）の木炭を消費していたが、田部家はヤフードームのざっと一四〇〇倍の二万四千町歩の大山林地主でもあった。

前述のように、たたら製鉄が営まれる地を「山内」と呼ぶが、木材の豊富な山奥でなければ鉄づくりは困難である。その本質が山内の名に見事に表れている。

木炭の製法

木炭はどのように誕生したであろう。おそらく焚き火に砂を掛け、そのまま放置した後、再び利用したときに燃えやすく煙が少ないなどの特徴を偶然に知り、炭の便利さに気づいたのだろう。この炭を「消炭《けしずみ》」と呼ぶが、このような原始的な方法から発展して、最高傑作と呼ばれる備長炭のような優れた炭が生まれた。最も品質の優れた木炭を生み出した我が国は、製造技術と製品の優秀さにおいて、今なお世界一の木炭国である。

思えば、金属精錬も山火事や火山の噴火跡で偶然に発見された。このように考えれば、火の発見こそ人類最大の発見といわれるのも当然である。ギリシャ神話のプロメテウスは人間のために天上から火を盗んでくれたが、人類は偶然の発見から知恵を絞り、さらに良い物へと改良を重ねながら、金属冶金の技術を得た。今日の高度な金属精錬の源は、実に三十万年前の火の発見、炭の発見にあるといえよう。

さて、製炭法だが、古代の炭生産は身近な森林を伐採して自給自足するのが普通であった。金、銀、銅などの金属を知ると、精錬用に莫大な木炭を要し、生産活動が盛んになるにつれ需要もますます増大し、やがて大化改新を経て律令が制定されると、炭は一種の税として納められるようになる。

『鉄山必要記事《かなやまひつようきじ》』（下原重仲《しもはらしげなか》、一七八四年）に、「木山は里へも近き深山がよし、木は松、栗、槇か至極の上々吉なり」と様々な木々の名称を挙げて精錬用木炭としての適性を記し、松、栗、槇が最も良く、次いで杉やブナが望ましく、椎、サルスベリなどが最も悪いと解説されている。熱量や炭強度など様々な要因が求められる鉄づくりでの経験を積み上げながら、木材の適性を生かして最良の炭焼きを行っていたのである。

樋口清之氏の『木炭』(法政大学出版局)によると、炭製法には、無窯製炭法、坑内製炭法、堆積製炭法(伏焼き)、築窯製炭法(室内消火、室外消火)と様々な製法があるようだ。精錬用には土でつくった窯に松、モミ、ツガなどの材木を赤熱のまま密閉する室内消火法(黒炭)と書かれているが、木材を円錐状に組み立てて、その上を粗朶《そだ》や土で覆い、木材を横積みにして焼いた伏焼き法の跡が各地の鍛冶屋敷の近くで発見されていることから、金属精錬用にはこの方法が多かったと思われる。

我が国で一般的に製造されている炭は、土窯を用いてつくる黒炭と、土と石で窯を築く白炭とに分けられる。黒炭は約四〇〇度で炭化、約七〇〇度で加熱精錬を行い、白炭は約三〇〇度で炭化、約一〇〇〇度で加熱精錬を行う。同じ材料なら白炭が硬質なことから堅炭、黒炭は軟炭と呼び、熱量は白炭が高い。

黒田藩の木炭

さて、多々良川周辺でも山間地ののどかな風物としてあちこちに炭焼きの煙が漂ったであろうが、犬鳴ダム奥地に炭焼き窯（日原炭焼小屋）が現存するように、犬鳴の国有林では大正時代ごろまで盛んに炭焼きが行われていた。ここでは炭焼役所が設けられ役人が管理し、年間約二万四千俵もの炭が福岡城下へと運ばれている。実際、鉄精錬が行われ、山麓には銅山跡も残るように、古代より豊富な森林資源に恵まれた地で、幾たびも鉄や銅の精錬用に炭焼きが行われ、周囲の山々は丸裸になりながらも、また、再生したのであろう。

日原炭焼小屋（犬鳴山）

須恵町には「炭焼《すみやき》」というそのままの地名もあり興味深い。近世には炭の需要が増して藩営となるが、『和漢三才図会《わかんさんさいずえ》』（一七一二年）に「筑前炭」の銘柄が載っている。このように木炭は産地名で分類されており、日本各地の地名が現れる。樋口氏の『木炭』には、福岡藩では幕末まで日向炭、土佐炭も使ったとあるが、これは鉄精錬用に膨大な炭の量を必要としたためであろう。

『福岡藩山方記録』には、建設用材を出す立山の他に、炭を出す大束炭山（藩営炭を焼く山林を炭山と呼んだ例）が藩有林にあり、藩営炭が盛んに製造されたことが記されている。また、民間人が藩営炭山の雑木で炭を焼くには、藩の許可を得て炭山運上銀（通行税）を納入しなければならなかった。炭山運上銀として、那珂郡銀四十五匁、怡土郡同一〇一匁五分、早良郡同五五〇匁、表糟屋郡四十七匁五分（『御山方形仕組銀之次第』）と記録されているように、各地で盛んに炭山が開かれていた。

さて、司馬遼太郎氏は鉄先進地であった朝鮮の停滞について気候の違いに着目し、鉄は朝鮮から入ってきたものの、森林再生の点でモンスーン地帯の日本の優位性を指摘している。鉄の需要が増すほどに多量の木炭が要求され、周囲の山々は禿げ山と化した。このためイギリスでは、苦労を重ねながらついに新しい燃料コークスを誕生させた。その点において我が国の自然条件は極めて有利である。豊富な砂鉄と豊かな森林に恵まれた自然条件ゆえに、たたら製鉄法は長く我が国の鉄の需要を賄えた。逆にいえば、それほど逼迫した事情がなかったために、石炭やコークスを製鉄燃料とする発想が生じなかったともいえる。

先日、多々良川上流の山々を歩いてみた。吹き抜ける風が木々を揺らし、ざわめきの中に木々や草花、土の香りが微かに漂い、実に心地良い。ただ、山々には植樹された人工林がずいぶん目立つようになり、コンクリートダムも増えつつあるように感じる。緑に覆われた日本の山々はブナ、カエデなどの広葉樹が減り、杉、檜などの針葉樹が増えつつあるという。

落葉した広葉樹林は腐葉土となり、優れた保水力で水量・水質を安定させる「緑のダム」の機能を果たす。この地に連なる山々も、建設用材の立山であれ炭山であれ、植林は藩営として厳しい管理と計画がなされたであろう。森林機能に思いを馳せると、人々の営みと自然との協調の有り様が問われているように思えてならない。

砂鉄の特徴

砂鉄は海岸でも普通に見られ、浜砂とは明らかに異なり黒々と集積しているが、初めはこのような場所で採集したに違いない。一般的に集積した場所で浜砂鉄、川砂鉄、湖岸砂鉄、山砂鉄などと呼ばれる。

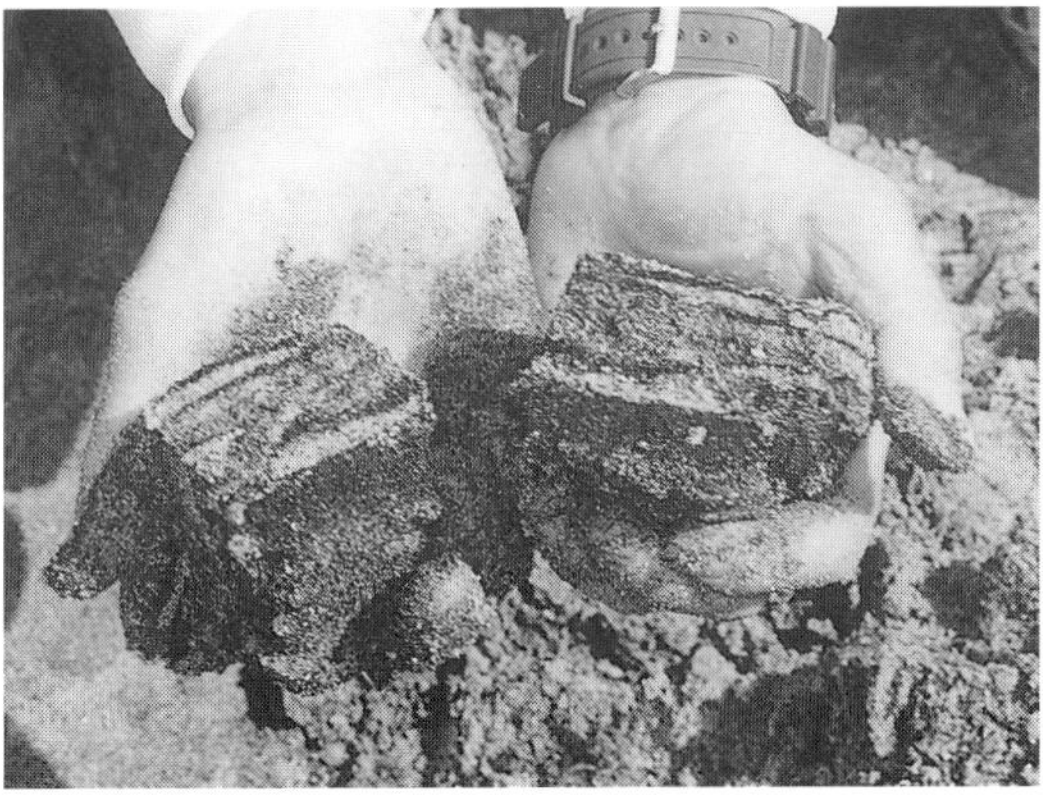

芦屋海岸で採取した砂鉄

火山国である我が国では、花崗《かこう》岩、閃緑《せんりょく》岩、安山《あんざん》岩が多いが、火成岩の中に酸化物鉱物として存在するチタン磁鉄鉱（磁鉄鉱とウルボスピネルの固溶体　Fe_3O_4-Fe_2TiO_4）あるいはフェロチタン鉄鉱（Fe_2O_3-$FeTiO_3$ の固溶体）が岩石の風化によって微小な砂状に分離したのが砂鉄である。地質的にはあらゆる地で採取可能で、鉄鉱石の埋蔵量の約二七〇〇万トンに対して砂鉄は約二万二〇〇〇トン（『鉱資源量調査』一九七二年）と、日本は有数の砂鉄産出国である。

しかし、母岩に対する砂鉄の含有量はわずかに一－九パーセント位で、鉱石としては極めて貧鉱である。しかし、我が国では古来よりたたら製鉄によって砂鉄を精錬し、鉄を供給してきたのである。

出雲地方では砂鉄を「粉鉄」、「小鉄」と表記して「こがね」と呼ぶが、たたら場独特の呼び方に真砂《まさ》砂鉄、赤目《あこめ》砂鉄の分類がある。真砂砂鉄とは火成岩中の酸性母岩（花崗岩、花崗斑《かこうはん》岩）が風化して生じたもので、一―二パーセントの鉄分が含まれ、チタンは少なく、黒々と艶のある粒径の大きな砂鉄である。一方、赤目砂鉄は塩基性母岩（閃緑岩、安山岩、斑糲岩《はんれい》）が風化したもので、鉄分が六―九パーセント含まれている。赤みを帯びた粒径の細かい砂鉄で、真砂砂鉄に比べてチタンが多く含まれ、品位は劣るものの各地に見られる砂鉄である。

このように構成成分の違いがある砂鉄の優劣を、分析技術を持たない昔の人はどのように判断したのであろう。『鉄山必要記事』に「色は浅葱《あさぎ》、粒はやや大きく見え握りしめると石を握るような手ごたえがあり、火にくべるとバラバラと音をたてて飛び散る。これが上品の真砂である」とあるが、最後には「吹いてみなければわからない」もので、砂鉄の選別は経験を重ねた者にも至難な技であったようだ。

一般に砂鉄は鉄鉱石に比べると有害不純物は少なく、チタン含有量が多い特徴を持つが、同じ砂鉄でも地域、場所によって構成成分の違いがずいぶん見られる。色々な資料から私なりに、それぞれの元素間の相関関係（例えば全鉄とチタン、チタンと燐などの関係）を探ってみたが、関連性は見られなかった。いずれにしろ精錬温度などの制約がある古代製鉄法では、砂鉄量だけでなく砂鉄の質も重要な要素となるが、博多湾沿岸は、チタン量が少ない良質な砂鉄が豊富に存在することでよく知られる。

多々良地区の古代鉄

古代の多々良地区

我が国の古代を知るには、中国の史書『三国志』の『魏志倭人伝』が最も古い文献資料である。

「倭人は帯方《たいほう》の東南大海の中にあり、山島《さんとう》に依《よ》りて国邑《こくゆう》をなす。旧百余国《もと》。漢の時朝見する者あり、今、使訳《しやく》通ずる所三十国」から始まる文章は決して長くはない。それゆえに、書かれている内容一つひとつに論争が生じるが、決して専門家、学者間だけの論争ではなく、素人も参加して、まさに百家争鳴、賑やかだ。それぞれが自由にイメージを膨らませられるところに古代史の魅力があるのだろう。

「倭人伝」を改めて読んでみた。

「男子はみな入れ墨をし、木綿で頭をまき、衣を結び束ね、婦人は垂れ髪か結髪にし、衣は穴をあけて頭を通して着ていたという。倭の地は温暖で冬も夏も生野菜を食べ、家屋はたてるが父母兄弟は居所は別であり、飲食は手づかみであった。人々は性来酒を好み、寿命は百年、あるいは八、九十年」との内容が書かれている。倭人の姿、格好やのどかな生活振りが目に浮かぶ。

糟屋の「糟」の字が「もろみ、どぶろく、さけかす」などを意味するように、この地名は、旨いお酒を製造していたことに由来する。三宮《さんのみや》神社（粕屋町）に酒水男神、酒水女神の祠が所在するように、昔から清らかな水を使って美味しいお酒をつくっていたようだ。「倭人伝」はこの地の人々を見て書かれたのでは、などと勝手に空想してしまう。ともあれ、このような倭人が多々良川に寄り添いながら温かな家庭生活を営んでいた。

「倭人伝」には三世紀ごろの我が国が描かれ、文中にはすでに銅鏡や鉄鏃が現れている。しかし、金属器が登場する遙か以前の石器時代より、この地で生活が営まれていた。むろん、この時代は文献資料が存在せず、遺跡資料に依るしかないが、重要な遺跡・古墳が多々良川周辺には数多く散在しているのである。

さて、多々良地域は現在は福岡市に属しているが、昭和三十（一九五五）年に香椎などとともに編入される以前は糟屋郡に所属していた。この糟屋の地名は、先に記したように観世音寺の梵鐘に「糟屋評造」として初めて現れ、次いで、継体紀の磐井の乱で「糟屋屯倉」と記された。ずいぶん古い地名である。『延喜式』や『倭名類聚抄』では、筑前国は十六郡を擁しており、その中の糟屋郡は香椎・志珂《しか》・厨戸《くりや》・大村・池田・阿曇《あずみ》・柞原《くはら》・勢門《せと》・敷梨《しきなし》の九郷を管する中郡である。この中の香椎郷は現在の香椎、志珂郷は志賀島、池田郷は古賀町、阿曇郷は和白・新宮、柞原郷は久山町、勢門郷は篠栗町とほぼ判明しているが、敷梨、大村、厨戸については依然確定されていない。この中の大村郷を粕屋町周辺の多々良川流域とする説が有力だが、大村の名称がその名のとおり人口の多い大きな村と考えれば、これまで検証したように、多々良川流域がいかにも相応しい。

少弐経資《しょうにつねすけ》（鎌倉時代の武将）書下に「異国警固構多々良干乱杭六本」とある。弘安十（一二八七）年の蒙古襲来の折り、大船の進入を防ぐために乱杭を打ち要塞としたとの記載で、多々良の地名の初見であるが、もとより、多々良の地名がこの時代に始まったとは思えない。

「船を遙かなる干潟のさきへまはして、たたら浜に徒《かち》にて行きて、いにしへはここに鋳物師《いもじ》の跡とめて今もふみみるたたら潟かな」（細川幽斎『九州道の記』）

『延喜式』に鍬や鉄などを調《ちょう》・庸《よう》で献上した国として、伯耆《ほうき》、美作、備中、備後と筑前の名が挙げられている。その後は事実上、九州は大宰府が管轄して経済的にも政治的にも独立しているので、筑前が文献に現れることは少ないが、九世紀ごろにはすでに国内の有力な鉄産地であった。また、たたらの語源や神功皇后伝説の項で述べたように、地名と製鉄との関係を併せて考えれば、もっと古い時期に遡れるだろう。

実際、製鉄関連遺跡も多々良川周辺では数多く出土しているが、残念ながら決定的な年代を示す遺跡は出土していない。しかしながら、初期製鉄は極めて貧弱な小規模生産の野だたらで、遺跡が残りにくい側面がある。いつの日か、この地に素晴らしい遺跡が発見されるのを楽しみに待ちたい。

古代鉄の可能性

近世技術史上、最も優れた江戸期の製鉄技術書『鉄山必要記事』は、「鉄山秘書」とも呼ばれる。この書は伯耆国（現鳥取県）日野郡で鉄山を営んでいた下原重仲が著した技術書である。当時の製鉄技術を知る上で貴重な書で、砂鉄精錬法、鉄山の経営、鉄山の諸規則など、幅広く著されているが、この中にたたら吹きの立地論が述べられ、立地上のポイントとして次の七点が挙げられている。

一、粉鉄《こがね》（良い砂鉄が得られる）
二、木山（薪炭《しんたん》材が豊富）
三、元釜土《もとかまつち》（築炉用の粘土が得られる）
四、米穀（物価が安い）
五、船付へ近し（港などがあり輸送の便が良い）
六、鉄山師の切者（優れた技術者がいる）
七、鉄山役人の善悪也（管理する役人の質）

この書はたたら製鉄法が完成した江戸期に、当時の主要生産地の島根人によって記されており、古代、中世の製鉄技術にはそのまま該当しないものの、製鉄の本質に大きな相違があるとは思われず、古代製鉄の可能性を検証する場合にも多くの示唆を与えてくれる。七つの観点から、この地の製鉄条件の検証を試みたい。

一の砂鉄は、多々良込田《こめだ》遺跡を調査した原田種成氏が、多々良川流域で砂鉄層の存在を確認しており特段問題ない。実際、私も麦わら帽子を被り、磁石とスコップを手に川に入り実験用砂鉄を採集した。水遊びを楽しむ親子連れが奇妙な目で私を眺めていたが、ひょっとして河童に見えたであろうか。私の採集は実験用の小量で済んだが、精錬用砂鉄は集積層が求められる。しかし、残念ながらそれは確認できなかった。ただ、『表糟屋郡明細帳』に、名島村では男が貝や鋳土を海中から掘り出して福岡・博多へ運んで稼いだことや、天保二（一八三一）年に博多商人末次与三郎、桜田屋伝兵衛が但馬《たじま》から職人を雇い、鉄山の計画が出されて同四年には吹き出しが始まり、翌年に廃止された内容が記されている。このように、多々良川には砂鉄が豊富に存在したと思われる。

二の薪炭はすでに触れたが、糟屋平野は周囲を山々に囲まれ、木炭資源には充分に恵まれている。実際、木炭の項で述べたように、炭焼きは犬鳴山を中心に行われ、多々良川の水源となる山々の木々が使われて丸裸になったことも度々であったろう。鉄筋コンクリート製の橋に生まれ変わる以前は、多々良川の大氾濫で度々、橋が流された歴史が秘められているのである。

原田種成氏は同遺跡で見つかった馬歯を駄馬のものとし、製鉄用の炭を運ぶためであったと推理している。

三の元釜土には約三トン近くが必要とされ、「元釜土大切の物也、粉鉄は宜敷ても元釜土悪しければ鉄不涌事有」と、溶融の造滓剤の役割を果たして砂鉄の質に影響を及ぼすことより、量だけでなく質についても厳しく吟味されたと思われる。操業前に五〇センチほどの厚みがあった元釜が、操業終了時には一五センチほどに痩せ細ってしまう。つまり溶媒として役目を果たしながら熱で溶け出し減少するのである。一代を三日ないし四日で終了し、手間暇のかかる築炉作業を繰り返さなければならなかった理由はここにある。須恵器やガラス製造がこの地で行われたように、高温に耐える良質な元釜土が存在していた。

四の米穀は問題ない。多々良川流域は肥えた沖積層、供積層の平野で、いち早く二重の環壕が築かれた江辻遺跡では農村のルーツとなる最古の集落を見てきた。また、名島古墳は福岡平野で一番古い古墳でもあった。いかにもこの地は肥沃な土地であった。

五の海路については、卑弥呼の代より、この地は港の機能を備え、その後は阿曇や志珂に代表されるように海部《あまべ》集団が割拠していた。それゆえに磐井の乱の敗北で、この地は朝廷に没収された。また、那津屯倉や糟屋屯倉、穂波屯倉（飯塚市）、鎌《かま》屯倉（嘉麻市）、我鹿《あが》屯倉（田川郡赤村）などの各屯倉を結ぶ路を考えると重要な位置にあった。つまり、陸路・海路とも、重要な地として栄えたと考えられる。

六の鉄山師は、五との関係ですでに述べたように、優れた技術を持つ人々が海を渡りこの地に上陸したのである。そして、鉄も海を越えて渡来した。この意味では特に優位な位置にある。七の鉄山役人は、律令以前の古代の場合、特に問題はない。むしろ、有用な鉄を知り、需要が高まるにつれ鉄生産は大いに奨励されたであろう。

以上、この地の製鉄の諸条件は申し分ないようだ。考えていただきたい。優れた技術を持つ渡来人がはるばる大海を渡り上陸した地に砂鉄が豊富に存在し、周りは樹木に覆われた深緑の山々であるならば、この地で鉄生産が行われ、各地に伝播したとしても全く不自然ではない。

ただ、このような優れた技術を持つ人々は重宝され、大和朝廷の確立とともに各地に散在するようになり、後には諸条件に恵まれた出雲地方が圧倒的に有利な位置を占めてきたのであろう。この地の位置づけは、製鉄法が確立される以前、特に導入の意味での大きな貢献にあるようだ。

出雲より

和鋼博物館

八雲《やくも》立つ出雲八重垣《やへがき》妻籠《つまご》みに八重垣作るその八重垣を

(『古事記』)

神話の国、出雲を鉄を求めて旅したが、出雲神話に示される古代人の生活や風土が今なお息づく魅力ある地で、全く飽きさせない。

中国自動車道の三次インターを降りて山に向かう。島根県の面積の約八割は山林が占めるといわれるが、それも頷ける山間の地で、山々から湧き出た水がいずこともなく集まり沢となり川となって、海に向かい清らかに流れている。道行く途中で地元の人に話しかけてみたが、見知らぬ地で方言を聞くのは実に楽しい。

さて、地元の方と話しながら蘇った記憶がある。松本清張氏原作の映画「砂の器」でキーポイントになった出雲ずうずう弁、出雲東北弁といわれる言葉遣いである。映画の印象的な画面が蘇った。映画「絶唱」もこの地で撮影されたらしい。感傷的な気分を引きずりながら、海に面した安来《やすぎ》市に着いた。砂鉄を掬《すく》う姿を何ともユニークな振りつけで表現した「安来節」、刃物材料の「ヤスキハガネ」で全国に知られる町だが、安来駅より車で約五分ほどの和鋼博物館をさっそく訪ねた。

この博物館の命名者は『日本刀の科学的研究』で有名な俵国一《たわらくにいち》博士で、博士は島根県浜田市の出身で、日本刀の研究や鉄鋼に関する科学技術の進歩に尽くした功績により第一回の文化勲章を受けた人物である。

博物館の前庭には何やら黒茶色の大きな塊が四個置かれていた。たたらから生まれた鉧《けら》である。決して外観は綺麗とはいえないが、想像以上の巨体で、長さ三メートル、幅一・五メートル、重さ三トンのでこぼこした姿からは、直径三〇〇ミクロンほどの砂鉄が原料とは到底想像できない。それだけにたたら製鉄の苦労が偲ばれる。そばには、まだ枝振りも貧弱な桂の若木が植樹されていた。撮影許可をいただいて館内に入ると、たたら炉や天秤ふいご、鉄穴《かんな》流しなどの貴重な資料、ヤスキハガネ、安来港の歴史など、多種多彩な展示物やビデオシアターなども用意されており、子供も鉄に親しめるよう配慮がなされている。

展示物も充実していたが、建物自体も非常にユニークで、館員さんが誇らしげに第一回島根景観賞を授賞した建物だと教えてくれた。神話やたたらなどの出雲の風土が象徴的にデザインされ、外壁や内部の柱、エレベータなどに多彩に鉄素材が用いられて、鉄の町が存分にアピールされている。出雲の人々が鉄を誇りに感じている様子がよく伝わってくる。

日刀保たたらの村下，木原明氏（左）と著者

この博物館では毎年、子供相手にたたら教室を開催しており、指導は日刀保《にっとうほ》たたらの村下《むらげ》である。

日刀保たたら

我が国の鉄文化を支え続けたたたら製鉄法は洋式製鉄法が軌道に乗ると衰退の道を辿り、大正末期にはたたらの火は完全に消えてしまった。昭和八（一九三三）年に軍命令で「靖国たたら」として復活するが、戦後の昭和二十年にはついに廃絶に至った。

貴重な文化遺産を将来に伝え、たたらを見直す目的で、日本鉄鋼協会を主体に昭和四十四年にたたらの復元操業が行われており、このときの様子は『和鋼風土記』（山内登貴夫、角川書店）に詳しく紹介されている。

昭和五十二年、財団法人日本美術刀剣保存協会では、日本刀の素材供給と伝統技術保持のために、保存されていた靖国炉を復活させ、「日刀保たたら」として再び操業を始めた。経験豊かな村下二人が、国の選定保存技術、玉鋼製造（たたら吹き）技術保存者として、操業しながら後継者の育成を行い、その第一号の村下が木原明氏である。

お会いすると非常に気さくな方で、炉、木炭、砂鉄などの話を楽しく聞かせていただいた。しかし、話の途中で眼光鋭く築炉作業を細かく指図する姿には、たたら製鉄の村下の厳しい姿があった。「しっかりした炉づくりをしないと一代、炉が持ちません」といわれ、「子供教室の鉄づくりといえども、つくるからには良い鉄をつくりたい」と話すのが印象的であった。

八岐の大蛇のオブジェ（奥出雲たたらと刀剣館）

次に奥出雲町の日立金属木炭銑工場に向かった。工場名の木炭銑とはいかにも面白い命名だが、木原さんが工場長を務めていた工場である。刀匠へ和鋼を供給するために、冬の厳寒の日に今も操業が行われている。

この町にも立派な記念館（奥出雲たたらと刀剣館）があり、訪ねることにしたが、夕暮れが迫り、着いたときにはすでに閉館時間を過ぎてしまっていた。恐る恐る受付に向かうと館長さんや受付の方がわざわざ待っておられた。工場の方が電話していてくれたらしい。恐縮するとともに優しい心遣いに感激した。この記念館は小さな坂道を登り、左折すると敷地内に入るようになっているが、ここに仕掛けがあった。左折して視界が開けると、建物が姿を現すと同時に、八岐（俣）の大蛇のオブジェが車ごと飲み込むような大きな口を開けて待っていたのである。

この地は八岐の大蛇神話の「肥川《ひのかわ》」の上流地で、今の斐伊《ひい》川の源流点に近く、古代出雲文化の発祥地と伝わる「鳥髪峰《とりかみのみね》」（船通山《せんつうざん》）の麓であった。まさに神話の国である。

金屋子神と菅谷高殿

明くる日は、金屋子《かなやご》神社を訪ねた。

「むかし、七月七日の申のさかりの刻、播州岩鍋に高天原から一神が天降り、『われはこれ金の神金屋子神である』と神託し、磐をもって鍋をつくった。しかし、この地には住める山がなく、白鷺に乗って西方に飛び立ち出雲の国黒田の桂木の森に着いたところを、狩りに出ていた安部氏の祖正重が見つけ、神託により朝日長者という人が宮社を建立し、神主に正重を、神は自ら村下となり、朝日長者が炭と粉鉄とを集めて吹けば、神通力によって鉄の湧くこと限りなかった」（金屋子神社祭文より要約）

神社の入り口には、十数メートルにも及ぶ双幹の桂の木が、秋晴れの空に枝を張っていた。砂鉄精錬の場には必ず金屋子神が祀られ、近くに必ず植えられたと伝わる木で、神秘的な炉の炎の奥に神を見てきた人々の信仰を育ててきた。

横には大きな鉧が置かれ、その上に十数個の鉄滓が無造作に積まれていた。この鉄滓を欲しくなった私は、近くで草刈をしていた老夫婦に尋ねた。すると、鉄滓も砂鉄もどこにでもあると、いとも簡単に話してくれた。試しに神社の側を流れる小川に入ると、たくさんの鉄滓、砂鉄があり、採集して持ち帰ることにした。神社に隣接する金屋子神話民俗館は、金屋子神話を中心とした展示で、興味深いものであった。

次に現存する精錬炉として有名な菅谷《すがや》高殿を訪ねた。国道から曲がりくねった小道を約三キロほど山奥に入ると、小さな集落が所在している。田部家の高殿は嘉永三（一八五〇）年から約一世紀もの間操業していたが、ついに大正十（一九二一）年に鉄を湧かすことをやめ、今は現存する唯一の高殿として国の重要有形民俗文化財である。職人が住む長屋や米を所蔵する土蔵などもあったが、残念ながら時間の関係で内部は拝見できなかった。

現存する唯一の高殿，菅谷高殿（島根県雲南市吉田町）

茅葺《かやぶ》きの高殿は実に大きな建物であった。この中で年間六十代もたたらを吹いたのである。建物の地下は何メートルも掘られて精巧な床づくりがなされているに違いない。その上に築かれたたたら炉が大きく火を吹き上げ、パチパチと火花を散らしながら、働く人々の顔を真っ赤に染め上げて、三日三晩の一代が終わるのである。

小高い丘の上から谷間《たにあい》の集落を眺めると、二十数件の家が時間が止まったかのように小さく固まっている。冬ともなれば深い雪に隔離断絶される山奥の小さな集落が、日本社会を、日本の鉄文化を長く支えてきた。過酷な重労働であったたたら師やその家族の生活に思いを馳せると、何とも重たい気分になってしまう。

今回の鉄の旅は終わった。神話の国、出雲はやはり鉄文化の故郷に違いなく、六市町村で鉄の道文化圏プロジェクトが組織され、各地の記念館、博物館も充実していた。何より、今回の旅で知り合った人々にたたらへの深い愛情を感じた。多くの鉄関連遺物を訪ねたが、どこでも大きな鉧の塊と出会った。驚いたことに廃棄されたとしか思えない場所で、大きな鉧が草の中に埋まり、川に入れば砂鉄が豊富で、鉄滓も転がっていた。神々の国は今なお、たたらの国であった。

付

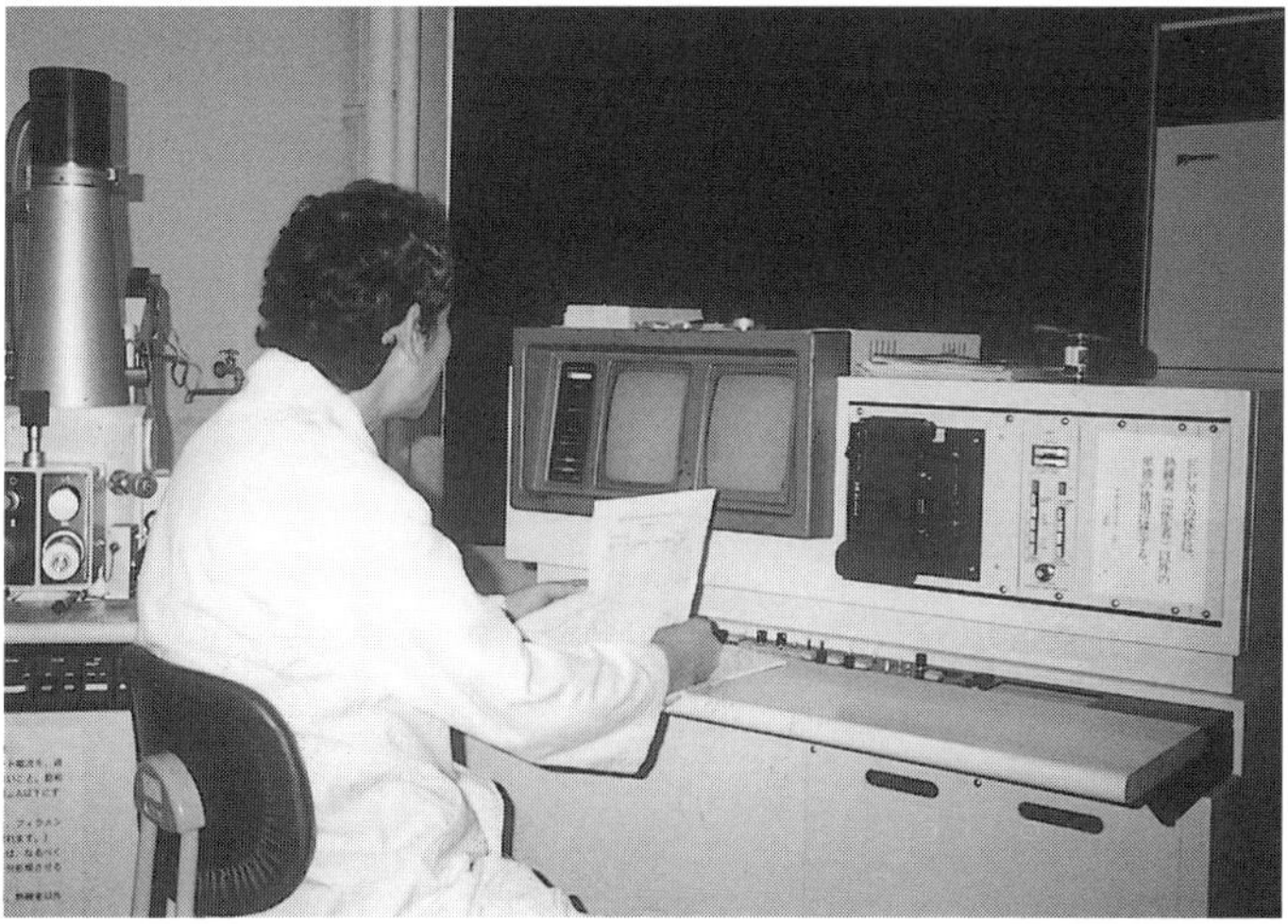

鉄を究める

——若干の実験より

古代のたたら製鉄法による鉄づくりは、いまだ神秘の謎に包まれているが、ここで、ささやかな実験結果を紹介したい。ただ、私の行った実験は試料やデータも少なく、また、実験手法も未熟であることから、あくまでも参考程度に留めていただきたい。実験試料とした砂鉄は、多々良川、新宮海岸（福岡市東区）、糸島海岸（糸島郡）、芦屋海岸（遠賀郡）、椎田町海岸（築上郡）と、出雲（島根県奥出雲町）の展示館よりいただいた砂鉄である。

砂鉄のＥＰＭＡ写真

図1は砂鉄の粒度分布であるが、各地域間により意外とばらつきが見られる。新宮は小粒な砂鉄が多く、糸島、椎田は比較的大粒で、芦屋、出雲は中間帯に位置し、多々良は全体的に分布するものの相対的に小粒な砂鉄も多

く含まれている。表1は砂鉄の化学分析値（四成分に絞った）であるが、一般に製鉄用原料砂鉄は二酸化チタン（TiO_2）含有量で評価され、二酸化チタンの少ない砂鉄ほど良質とされる。芦屋、椎田の含有量が多く、多々良と糸島は非常に少ない。全鉄に対する二酸化チタン（TiO_2/T.Fe）の値も多々良は極めて低く、有害な硫黄（S）の含有量も少ないことから、構成成分的には非常に良質な砂鉄である。

図1　砂鉄の粒度分布

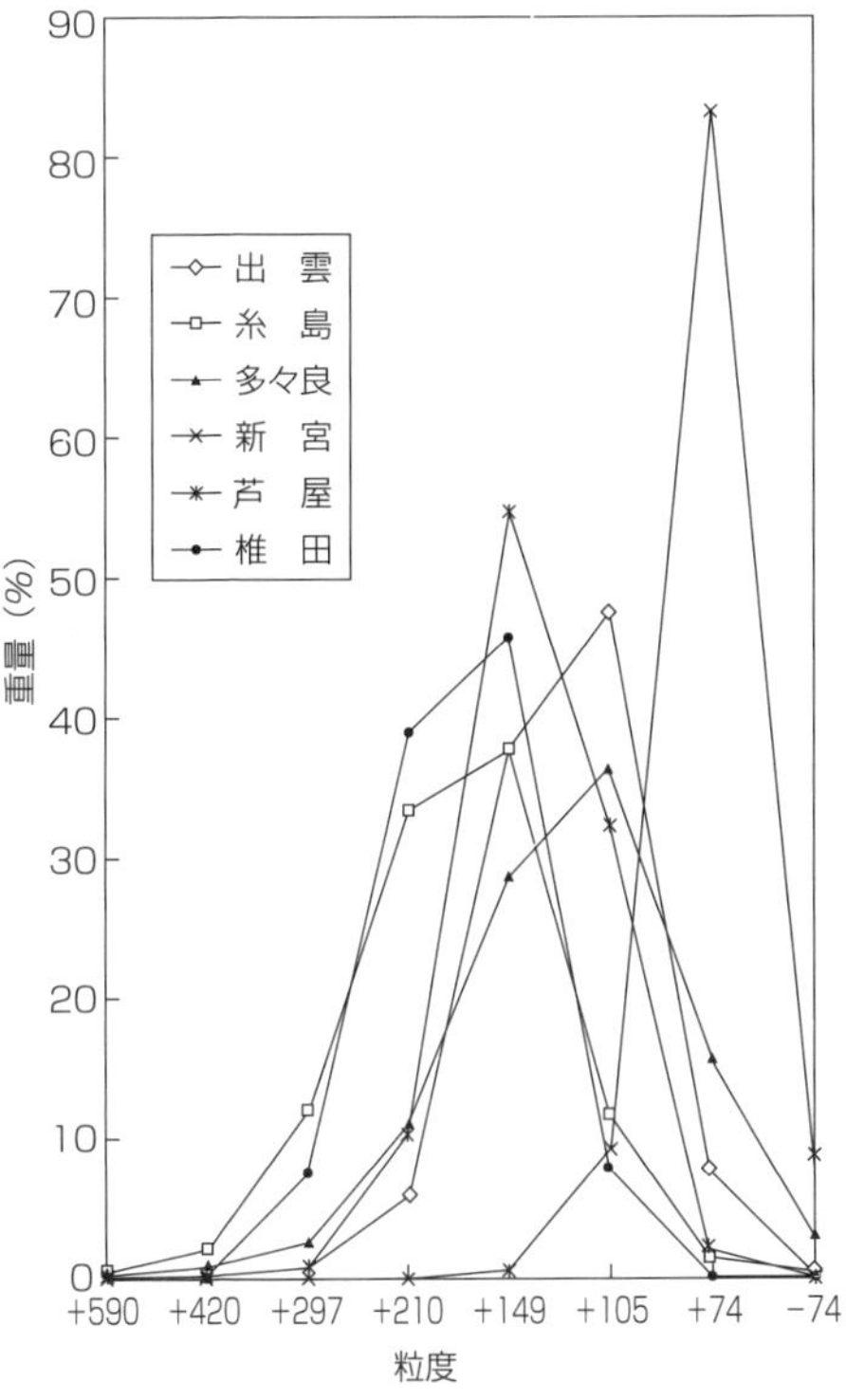

表1　砂鉄の化学分析値（4成分）

	T.Fe	TiO_2	SiO_2	S
多々良	62.46	0.16	5.567	0.0134
出　雲	58.24	8.00	2.295	0.0146
新　宮	62.51	8.72	0.896	0.0309
糸　島	67.74	0.60	2.786	0.0112
椎　田	50.80	19.00	3.984	0.0216
芦　屋	51.72	23.30	0.696	0.0273

さて、金属の歴史は、まず「溶解」（melting）から始まる。meltingとは加熱して、固体を液体に変える物理的変化であり、それに対して、鉄は「精錬」（smelting）を必要とする。smeltingとは化合物を熱の力を借りて別な物質に変える化学的変化である。砂鉄（鉄鉱石）は鉄と酸素が結合した酸化物であり、smeltingが必要となるが、原理的には古代も現在も変わらない比較的単純なメカニズムによる。

たたら製鉄のエネルギー源は木炭だが、炉中で砂鉄はどのようなメカニズムで還元・溶解されるのであろう。図2に示すように、まず、木炭が燃焼反応を起こす。これは発熱反応で、大きな熱エネルギーを発生し、反応、溶解を行う。まず、炭素と酸素が反応して二酸化炭素ガスが発生、さらにこのガスが木炭と反応して一酸化炭素ガスを発生する（この反応をソリューションロス反応という）。基本的にこの一酸化炭素ガスが砂鉄（鉄鉱石）の酸素と反応して還元されるが、ソリューションロス反応や還元は一気に行われるのではなく、還元時間を保証する環境が必要となり、炉高が低過ぎたり燃料の木炭が軟らか過ぎては時間的余裕がなく還元が進まない。

図3は鉄―炭素―酸素系状態図で、実線で囲まれた部分がその条件での安定相である。磁鉄鉱還元は図の右から左へと進むが、一般的に、磁鉄鉱を鉄に還元するには一酸化炭素濃度七〇パーセント以上の混合ガス、八〇〇度以上の温度が要求される。

図4の還元実験結果を見ると、還元率は多々良、新宮、出雲、糸島、椎田、芦屋の順に高く、

図 2　還元メカニズム

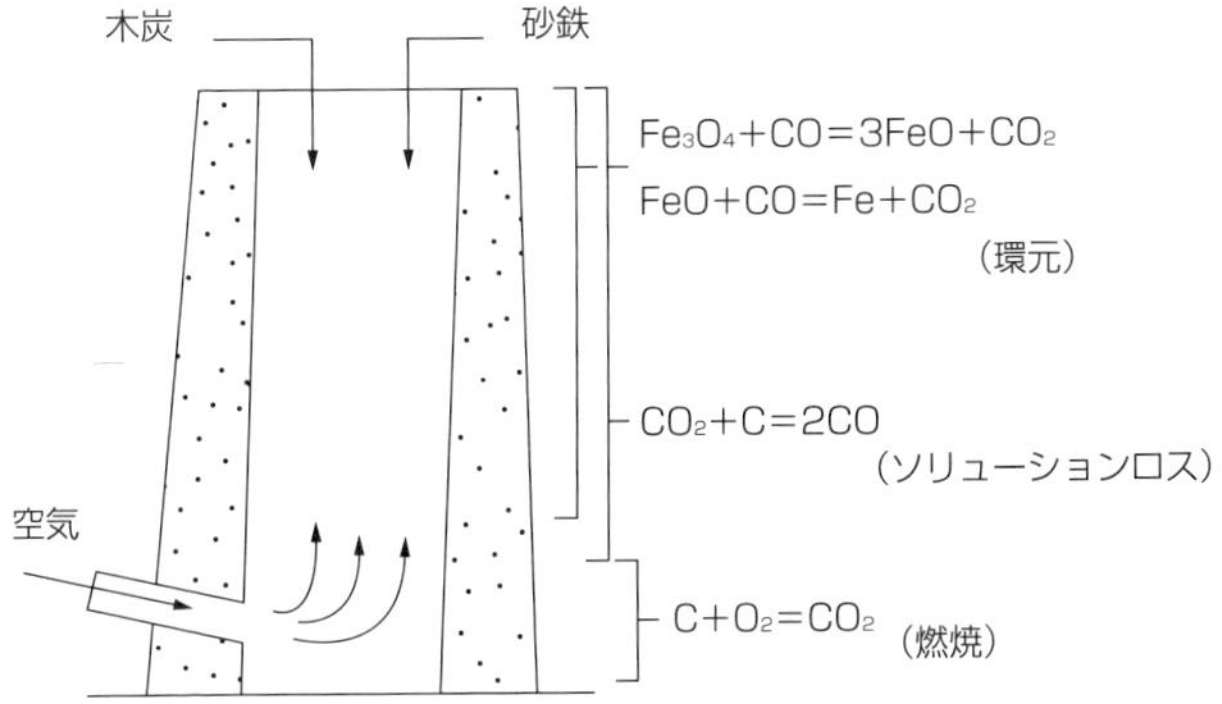

図 3　鉄－炭素－酸素系状態図

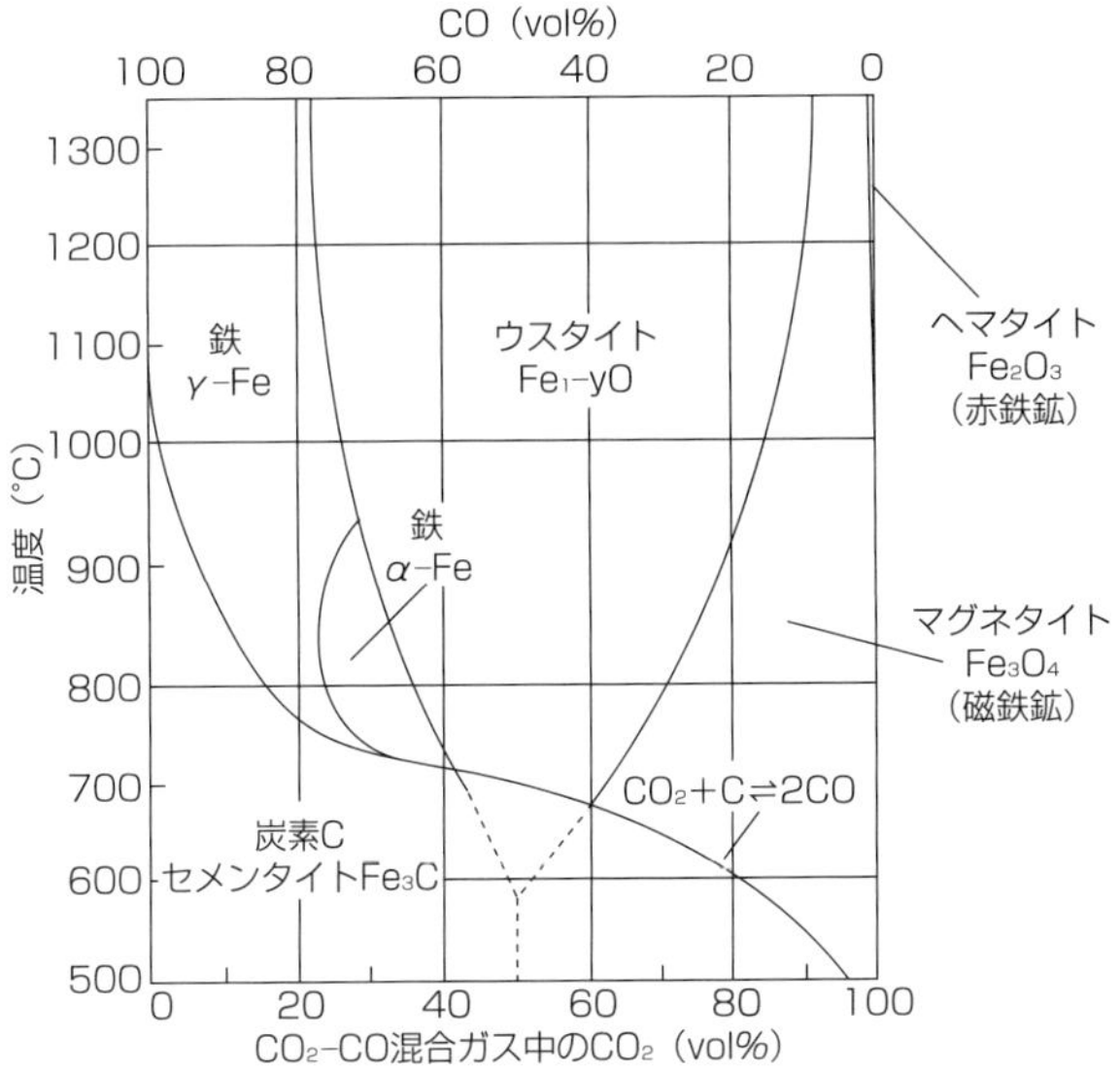

砂鉄の還元性状には大きな相違が伴っている。小さい砂鉄粒の新宮、多々良は良好な還元性状で、比較的大粒の多い椎田、芦屋、糸島は還元が遅くなっている。小粒な砂鉄は比表面積が大きいので、熱伝導が速く反応性が大きくなって還元が進んだのであろう。化学分析値からは、際立った傾向は表れていないものの、二酸化チタンの少ない多々良の還元率が高い。また、全鉄の多い新宮、多々良の還元性状は良好で、全鉄の少ない北九州、芦屋は還元が遅くなっていることからも、脈石成分の少ない砂鉄の還元性状が良好であることがわかる。

図４　砂鉄の還元表

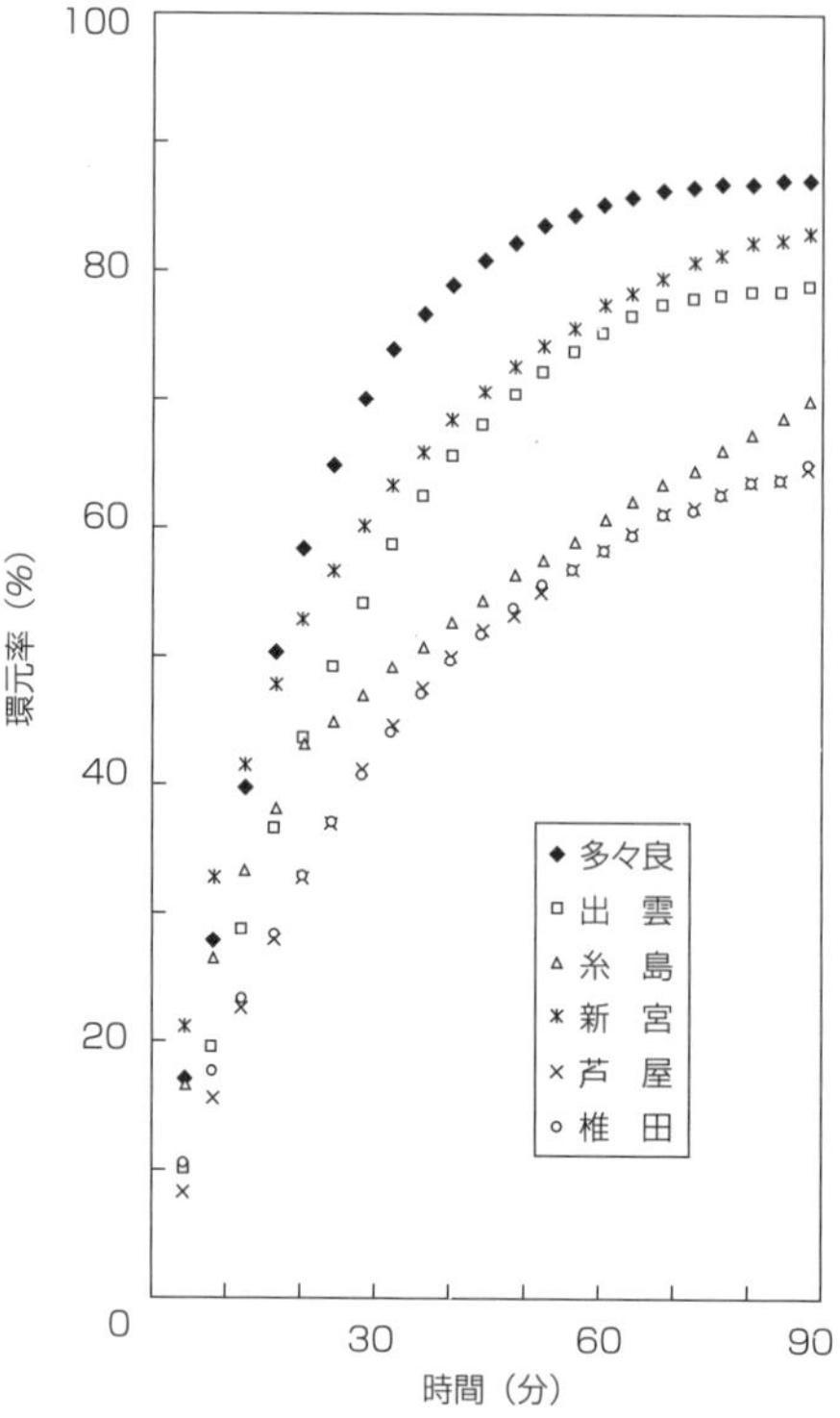

以上のような実験結果を見ると、多々良の砂鉄は成分的にも良質で還元性状も優れていた。古代製鉄を砂鉄だけで論ずることはできないが、金属学的にも、この地が鉄の地として優れていることは明白である。

参考文献（順不同）

島立利貞『鉄の文化誌』東京図書出版会、二〇〇一年
中沢護人『鉄のメルヘン』アグネ、一九七五年
中沢護人『鋼の時代』岩波新書、一九六四年
森浩一編『日本古代文化の探求・鉄』社会思想社、一九七四年
黒岩俊郎『たたら　日本古来の製鉄技術』玉川大学出版部、一九七六年
窪田蔵郎『鉄の考古学』雄山閣考古学選書、一九七三年
窪田蔵郎『増補改訂　鉄の民俗史』雄山閣、一九九一年
真弓常忠『日本古代祭祀と鉄』学生社、一九八一年
武野要子『博多　町人が育てた国際都市』岩波新書、二〇〇〇年
朝日新聞社編、シリーズ金属の文化2『鉄の博物誌　もっとも身近な金属』朝日新聞社、一九八五年
志村史夫『古代日本の超技術　あっと驚くご先祖様の智恵』講談社、一九九七年
樋口清之『木炭』法政大学出版局、一九九三年
須藤利一編著『船』法政大学出版局、一九六八年
鈴木眞哉『鉄砲と日本人「鉄砲神話」が隠してきたこと』洋泉社、一九九七年
大橋周治『幕末明治製鉄史　技術の源流・鉄のふるさとをたずねて』アグネ、一九七五年
小田富士雄『古代を考える　磐井の乱』吉川弘文館、一九九一年
朝日新聞西部本社編『古代史を行く』葦書房、一九八四年
飯田賢一『日本鉄鋼技術史論』三一書房、一九七三年
石井忠他『新版　福岡を歩く』葦書房、二〇〇〇年
山内登貴夫『和鋼風土記　出雲のたたら師』角川書店、一九七五年
司馬遼太郎他『朝鮮と古代日本文化』中央公論社、一九七八年
三浦圭一他編『技術の社会史』全七巻、有斐閣、

一九八二—九〇年
谷川健一『青銅の神の足跡』小学館ライブラリー、一九九五年
大野芳『河童よ、きみは誰なのだ　かっぱ村村長のフィールドノート』中公新書、二〇〇〇年
武田楠雄『維新と科学』岩波新書、一九七二年
井上光貞『日本国家の起源』岩波新書、一九六〇年
葉山禎作編、日本の近世4『生産の技術』中央公論社、一九九二年
『博多二千年史　筑紫ものがたり』朝日新聞社、一九六七年
森浩一編『森浩一対談集　古代技術の復権』小学館ライブラリー、一九九四年
柳猛直『福岡歴史探訪　東区編』海鳥社、一九九五年
田口勇『ポピュラーサイエンス　鉄の歴史と化学』裳華房、一九八八年
大野普『日本語の起源　新版』岩波新書、一九九四年
上田正昭『帰化人　古代国家の成立をめぐって』中公新書、一九六五年
後藤周三『多々良の歴史と文化遺産　後藤周三遺稿集』葦書房、一九八八年
『日本刀全集』第六巻、徳間書店、一九六六年
たたら研究会創立十周年記念論集『日本製鉄史論』たたら研究会、一九七〇年
たたら研究会創立二十五周年記念論集『日本製鉄史論集』たたら研究会、一九八三年
高橋一郎『奥出雲横田とたたら』奥出雲文庫3、一九九〇年
『福岡市博物館所蔵　黒田家の甲冑と刀剣　第二版』福岡市博物館、二〇〇一年
角川日本地名大辞典40『福岡県』角川書店、一九八八年
『犬鳴たたら・御別館関係史料』若宮町
西日本文化協会編『福岡県史』福岡県
『福岡市史』福岡市
『粕屋町誌』粕屋町
『ふくおか歴史散歩』福岡市
日本古典文学大系『古事記』岩波書店
日本古典文学大系『日本書紀』岩波書店

おわりに

たたらの地名を起点にして、鉄を主題に、この地の歴史にアプローチしたいと思ったのが、この書を記したそもそもの動機である。浅学非才の身でありながら全く大それた試みで、幾度となく中断し、絶望的な状況に置かれたのも度々で、ましてや歴史に疎い私が、鉄からのアプローチとはいえ、郷土史を探る作業は容易ではなかった。調査の方法や能力にも乏しい身としては、学校や地域の図書館に頼るのみで、鉄の話題を収集し、まとめたに過ぎない甚だ未熟な内容だが、何とか形となり、今は安堵の気持ちでいっぱいである。

いうまでもなく、この文章は学究的な内容でなく、あくまでも読み物として記した。歴史解釈も乱暴で、独り善がりの曲解が多々あるのは重々承知しているが、素人ゆえの大胆な試みとしてお許しを願いたい。

もう一つの執筆の動機として、鉄に依存する社会でありながら、何となく疎遠なイメージの鉄に改めてスポットを当てることで、有用な鉄に親しみを抱いていただきたいというささやかな願いがあった。その意が充分に果たされたかは文才に乏しい身ゆえに疑わしいが、温かい眼差しで少しでも街中の鉄造形物に親しんでいただけると幸いである。

さて、この書を記すに当たって、カメラやノート、磁石を手に多々良の地を中心に福岡市内至る所、鉄関連物を求めて訪ね歩いた。街中にはマンホール、根元カバー、橋の欄干、ビルの窓格子、あるいはお店に飾られた古ぼけた看板などが溢れており、このようにさりげなく彩りを与えている鉄造形物に改めて親しみを覚え、愛しさを感じた。また、最近はこれらの造形物だけでなく、都市景観としての巨大な構造物もよく目立つようになった。

ときに野球観戦に行く私は、ヤフードームの天井を見上げて、剥き出しの鉄骨に驚嘆の溜息を吐くことも度々である。軽金属のチタンパネルとはいえ、長さ四センチ、幅二五センチ、厚さ〇・三ミリのパネルが約五万枚使用され、屋根の総重量は一万二〇〇〇トンに及ぶ重さである。これだけの重量の屋根を剥き出しの鉄骨が支えている姿は、現代技術の粋を集約しているようでもある。

他にも荒津大橋や福岡タワーなどが福岡を代表するシンボル的建築物になっているが、これらの巨大建築物は鉄の性質を最大限に引き出し、また、デザイン的にも機能美を極めている。これらの構造物を支えているのは、洋式製鉄法で生み出された現在の鉄材である。

一方、それまでの我が国の鉄造形物に着目すると、世界的にも評価の高い日本刀を始め、槍、鉄砲などの武器類や茶釜、さらには鍬や鎌などの農具、鋸や鉋などの大工工具、民具、仏具などが挙げられる。現在の鉄とは違い、人々の生活に密着した身近な鉄ともいえるが、これらの製品に特徴的なのは、鉄の性質を生かしながら鉄素材の魅力を最大限に引き出し、美術品、芸術品のレベルにまで高めたことにある。日本人特有の文化の表象として、鉄の魅力を極限まで追求し、昇華させてきたのであり、我が国における歴史と文化の発展に鉄が担った意義はあまりにも重く、かつ深い。

街中に溢れる現在の逞しい鉄造形物は、優雅さや機能美を誇り、我々に安心感を与えてくれるものの、私には先人が育んできた鉄への感性が少しずつ失われつつあるように感じられてならない。我が国の鉄の歴史上、いち早く鉄を使い、また、近代製鉄法を導入したのは郷土、福岡である。鉄文化の先駆的役割を果たした地として、さらに魅力ある鉄文化構築への役割、期待は大きいといえよう。

さて、歴史に疎い私は改めて郷土史の勉強をやり直すことから始めたが、福岡は日本の歴史の曙となった金印を始め貴重な歴史遺産が豊富で、国家形成上、極めて重要な地位を占め続けたことに思いが及んだ。そして、技術史的視点で眺めても、その事実に一向に変わりはなく、改めて、この地の二千年の人々の営みの連鎖を、多々良川の絶え間ない清らかな流れに垣間見たように思える。

最後に、この文章を記すに当たって多くの方々からご助言、ご協力をいただいた。ここでは一人ひとりのお名前は記さないものの、改めて感謝申し上げたい。また、一応の出版に至ったものの、「鉄」と「この地の歴史」という魅力あるテーマへのアプローチは、まだまだ未完の試みである。読者の皆様に、鉄に関する話題の提供をお願いしつつ筆を置きたい。

二〇〇七年六月

田中　天

田中　天（たなか・ひろし）
昭和27（1952）年，鹿児島県に生まれる。大学卒業後，昭和52年に福岡県高等学校教諭となる。福岡県立筑豊工業高等学校，同香椎工業高等学校などを経て，現在，同福岡工業高等学校に勤務。産業考古学会会員。福岡市東区在住。

鉄の文化史

■

2007年7月13日　第1刷発行

■

著者　田中　天

発行者　西　俊明

発行所　有限会社海鳥社

〒810-0074　福岡市中央区大手門3丁目6番13号

電話092(771)0132　FAX092(771)2546

印刷・製本　有限会社九州コンピュータ印刷

ISBN 978-4-87415-640-7

http://www.kaichosha-f.co.jp

［定価は表紙カバーに表示］